# 从零开始

彭凌西 唐春明 陈统 / 编著

# Qt可视化
# 程序设计基础教程

人民邮电出版社

北京

图书在版编目（CIP）数据

从零开始 ：Qt可视化程序设计基础教程 / 彭凌西,
唐春明，陈统编著. -- 北京 ：人民邮电出版社,
2022.1
ISBN 978-7-115-57372-8

Ⅰ．①从… Ⅱ．①彭… ②唐… ③陈… Ⅲ．①C++语
言－程序设计－教材 Ⅳ．①TP312.8

中国版本图书馆CIP数据核字(2021)第191176号

## 内 容 提 要

本书主要介绍 C++的基础知识和 Qt 编程的相关知识，帮助读者尽快掌握 Qt 编程的相关技术。

本书第 1～4 章主要介绍 C++基础语法、类和对象、继承与派生、虚函数与多态等 Qt 编程常用的 C++内容，让读者快速掌握 Qt 编程的基础知识。第 5～9 章主要介绍 Qt 编程的相关内容，帮助读者快速入门，并通过多个实例让读者进一步掌握 Qt 编程的相关应用。

本书不仅适合相关专业的学生参考使用，也适合对 Qt 编程感兴趣的读者阅读。

◆ 编　著　彭凌西　唐春明　陈　统
　　责任编辑　张天怡
　　责任印制　陈　犇

◆ 人民邮电出版社出版发行　　北京市丰台区成寿寺路 11 号
　　邮编　100164　电子邮件　315@ptpress.com.cn
　　网址　https://www.ptpress.com.cn
　　北京捷迅佳彩印刷有限公司印刷

◆ 开本：787×1092　1/16
　　印张：16.5　　　　　　　　2022 年 1 月第 1 版
　　字数：413 千字　　　　　　2024 年 12 月北京第 9 次印刷

定价：69.90 元

读者服务热线：(010)81055410　印装质量热线：(010)81055316
反盗版热线：(010)81055315
广告经营许可证：京东市监广登字 20170147 号

　　"可视化程序设计"是理工科极为重要的一门专业课程，主要介绍类、对象、属性、方法、事件等现代程序设计的先进理念和思想。通过该课程，学生可熟练掌握面向对象的程序设计方法，提高可视化界面的应用程序设计技术。

　　国务院在2017年7月印发了《新一代人工智能发展规划》，明确提出实施全民智能教育项目，逐步推广编程教育。C++语言功能强大、灵活，适用于各种编程需求，但C++语言众多的概念让初学者望而却步。Qt编程目前已被广泛应用于嵌入式系统、电力系统和军工系统等与硬件交互的界面系统中，是可视化程序设计（又称可视化编程）的主要选择。目前，能做到简明扼要、通俗易懂地介绍C++语言基础，并与可视化程序设计工具Qt结合，让读者高效、快速掌握人工智能编程的图书和资料甚少。

　　本书编者结合在高校与企业多年的研究和教学经验，深入浅出地介绍C++语言基础、类和对象，然后对Qt编程中的窗口、菜单、绑定信号以及槽等概念和操作过程进行详细的介绍与分析，并给出全部已编译运行的源代码及配套课件等丰富的资源，读者可通过学习本书事半功倍地掌握C++语言和Qt编程，达到能尽快编写人工智能程序的目的。

　　相信本书的出版会对想尽快掌握C++语言和Qt编程的读者与研究人员大有裨益，从而促进编程教育和人工智能的发展。同时也希望有更多的研究人员能够掌握可视化程序设计技术，并从事人工智能研究和教育工作，为推动我国新一代人工智能创新活动的蓬勃发展做出自己的贡献。

教授　中国科学院院士

2021年10月

"可视化程序设计"是理工科极为重要的一门专业课程，实践性很强。其教学目标是使学生掌握可视化程序设计的基本方法、编程技能并具备上机调试能力，熟悉界面设计，掌握各种常用类（有些开发工具称控件，实际也是类）的属性和方法，培养学生应用计算机编程解决实际问题的能力，为今后实际工作中进行大型工程应用软件的设计与开发打下坚实的基础。

可视化程序设计以"所见即所得"为原则，力图实现编程工作的可视化。C++语言属于编程语言中的"王者"，Qt是可视化程序设计的重要框架，是机器视觉领域的重要工具。但是，目前将C++语言和Qt编程结合，介绍可视化程序设计的图书较少。与已有的可视化程序设计图书相比，本书具有以下特色。

- **通俗易懂，深入浅出**。本书通过大量编程实例的程序演示、代码注释讲解及运行结果分析，语言简洁、精练、通俗易懂地介绍C++语言基础、类、对象、继承以及多态等难以掌握的概念。本书初稿经过没有编程基础的学生试读，多名教师试用，历时3年，通过反复修改，直到易懂、易教为止，可谓"数年磨一剑"。

- **重点突出，循序渐进**。本书针对C++语言提供多个编程实例，但不追求全面和系统，只重点介绍C++语言基础的核心和面向对象思想的精华，以求让读者尽快掌握Qt编程技术。待读者掌握面向对象的基本思想后，可继续深入学习类模板、运算符重载、向量等内容。

- **实例丰富，快速上手**。本书针对Qt编程提供多个程序实例，如简易计算器、多线程、数据库、网络应用编程、文件操作、基于人脸检测的多路入侵监视系统等多个应用方向，部分实例是研发实例的精简。这些实例没有一味追求实用性和全面性，尽量只讲解基本原理和操作，并添加详尽的代码注释，以便读者快速掌握。但这些程序实例具有可维护性和扩充性，可以快速扩展应用到实践中。

- **资源丰富，易学易教**。本书提供在Qt 6.0编程环境中编译通过的全部示例源代码、配套课件等立体式全方位资源，读者可在QQ群（764353211）共享文件夹中获取。

如果读者没有学习过任何编程语言，或仅有C语言基础，建议从第1章开始学习；如果读者已学习过C++语言，只想学可视化程序设计技术或Qt编程，则可在学习1.2节和1.3.1小节后，直接进入第5章的学习。本书最后提供包含Qt编程常见问题的附录，建议读者阅读。

读者如果有任何意见和反馈，请联系我们（关喜荣：836030680@qq.com；彭凌西：flyingday@139.com）。

本书第1章、第5～6章由梁志炜完成，第2～4章、第8章由关喜荣完成，第7章由彭凌西完成，第9章由唐春明完成，附录由陈统完成。在编写过程中，本书还得到了很多专家、企业人员以及师生友人的大力支持和帮助。肖忠、彭邵湖、林煜桐、郭俊婷、谢翔、黄明龙等众多老师和学生对全书进行了试读与校稿，并提出了许多宝贵的意见，让本书不仅通俗易懂，而且讲解明晰。他们认真、细致的工作让我感动。本书还得到了数据恢复四川省重点实验室、广州大学研究生院和教务处教材出版基金的大力支持，受到国家自然科学基金项目（12171114、61772147和61100150）、广东省自然科学基金基础研究重大培育项目（2015A030308016）、国家密码管理局"十三五"国家密码发展基金项目（MMJJ20170117）、广州市教育局协同创新重大项目（1201610005）、密码科学技术国家重点实验室开放课题项目（MMKFKT201913）的资助，得到了统信软件技术有限公司、广东省机械研究所有限公司、广东轩辕网络科技股份有限公司和广州粤嵌通信科技股份有限公司等的竭诚帮助。

在本书编写过程中，我参考了互联网上众多的资料、代码、网络视频，以及其他图书，在此谨一并表示最诚挚的感谢！

感谢可爱的女儿们，你们的天真和烂漫让我的一切忧愁与烦恼烟消云散。

最后，与读者分享我在多年的计算机教学、研究过程中的体会：改变你的人生，从编程开始！

彭凌西

2021年12月

**目　录**
CONTENTS

# 第 1 章

# C++ 程序基础

C++ 是 C 语言的继承，是一种使用非常广泛的计算机编程语言。C++ 作为一种静态数据类型检查的、支持多重编程范式的通用程序设计语言，支持过程化程序设计、数据抽象化和面向对象程序设计、泛型程序设计、基于原则设计等多种程序设计风格。C++ 的编程领域甚广，它常用于系统开发、引擎开发等应用领域，深受广大程序员的喜爱。

本章将详细介绍 C++ 的基础语法和基础使用。

本章主要内容和学习目标如下。

- C++ 简介。
- 环境搭建。
- C++ 基础语法。
- 基本数据类型和变量。
- 运算符。
- 控制台数据输入和输出。
- 结构化程序设计。
- 参数和函数。
- 数组与字符串。
- 指针。
- 结构体。
- 异常处理。
- 命名空间。
- 在统信 UOS 环境下安装 Qt。

# 1.1 C++ 简介

C++属于编程语言中的"王者"，也是目前软件开发的主流语言之一。下面对C++进行简要说明。

## · 1.1.1 C++ 语言简介

C++是一种面向对象的计算机程序设计语言，由美国电话电报公司（AT&T）贝尔实验室的本贾尼·斯特劳斯特卢普（Bjarne Stroustrup）博士在20世纪80年代初期发明并实现，最初这种语言被称作"C with Classes"（带类的C）。C++是C语言的继承，进一步扩充和完善了C语言，成为一种面向对象的程序设计语言。

## · 1.1.2 C++ 与 C 语言的不同

C++与C语言的主要区别如下。

### ■ 1. 面向过程语言和面向对象语言

C语言是面向过程语言，而C++是面向对象语言。C语言和C++的区别，也就是面向过程和面向对象的区别。面向过程编程就是分析出解决问题的步骤（功能模块），然后把这些步骤一步一步地实现，使用的时候依次调用就可以了；面向对象编程就是把问题中的事和物抽象成各个类，然后建立对象，其目的不是完成一个步骤，而是描述对象在整个解决问题的步骤中的行为。下面，以玩五子棋游戏为例进行说明。

（1）用面向过程的思想来考虑：开始游戏，白子先走，绘制画面，判断输赢；轮到黑子，绘制画面，判断输赢；重复前面的过程，输出最终结果。

（2）用面向对象的思想来考虑：先设计棋子类、棋盘系统类、规定系统类以及输出系统类，然后构造具体对象，包括黑白双方（两者的行为是一样的）、棋盘系统（负责绘制画面）、规定系统（规定输赢、犯规等）、输出系统（输出赢家）。面向对象就是实物高度抽象化（功能划分），面向过程就是自顶向下的编程（步骤划分）。

### ■ 2. 具体语言的不同

（1）关键字（又称关键词）不同：C语言有32个关键字，而C++有63个关键字，一些关键字的细微区别如下。

① struct：在C语言中，结构体struct定义的变量中不能有函数；而在C++中可以有函数（或称为方法）。

② malloc：malloc()函数的返回值为void，在C语言中可以赋值给任意类型的指针，在C++中必须强制转换类型，否则会报错。

③ 结构体定义struct和类定义class：class是对struct的扩展，struct默认的访问权限是

public，而 class 默认的访问权限是 private。

（2）扩展名不同：C 语言源文件扩展名为 .c，C++ 源文件扩展名为 .cpp。在 Qt 中，如果在创建源文件时什么都不给，扩展名默认是 .cpp。

（3）返回值类型不同：在 C 语言中，如果一个函数没有指定返回值类型，默认返回 int 类型；在 C++ 中，如果一个函数没有返回值，则必须指定为 void。

# 1.2 环境搭建

Qt（发音为 [kju:t]，音同 cute）是一个跨平台的 C++ 开发框架，主要用来开发图形用户界面（Graphical User Interface，GUI）程序，当然也可以开发不带界面的命令行接口（Command Line Interface，CLI）程序。本书将使用 Qt 来开发 C++ 程序。本书使用的 Qt 版本号为 6.0，操作系统为 Windows 10。

Qt 从 5.15 版本开始（5.14.2 是官方最后一个可离线下载安装包的版本），对非商业版本，也就是开源版本，不再提供已经制作好的离线安装包，此时用户只有两种选择：一种是编译源代码方式，该方式步骤烦琐，且需严格遵循步骤，一般要花费数小时；另一种是在线联网安装，在清华大学开源软件镜像站或 Qt 官网下载在线安装包 qt-unified-windows-x86-online.exe，然后单击安装，如图 1-1 所示。如果是 5.14 及以前的版本，在线安装过程类似，安装过程本书不再介绍。

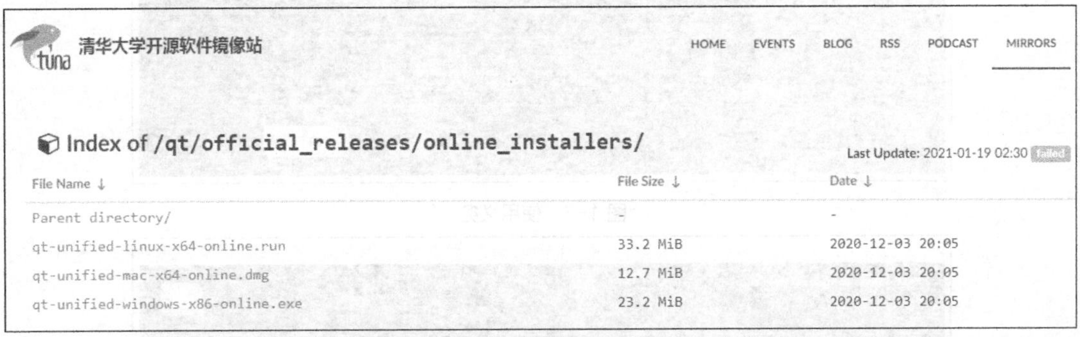

图 1-1　安装包下载

在线安装下载速度慢，建议选择安装代理软件 Fiddler 5，将下载地址重定向到清华大学的镜像站。具体操作：打开 Fiddler，在页面左下方黑色的地方输入以下内容，并按"Enter"键，如图 1-2 所示。

urlreplace download.qt.io mirrors.tuna.tsinghua.edu.cn/qt

单击运行 Qt 安装包后，在 Qt Open Source Usage Obligations 页面中进行设置：如果是个人使用，勾选最底下的复选框；如果是公司使用，需要填写公司名称，如图 1-3 所示。然后单击"Next"进入下一步。

如图 1-4 所示，在 Contribute to Qt Development 页面中，选择第一个选项（发送统计信息帮助 Qt 改进）或者第二个选项（禁止发送）均可，单击"Next"进入下一步。

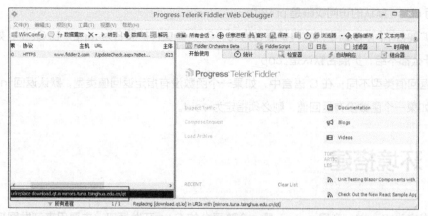

图 1-2　代理软件及配置

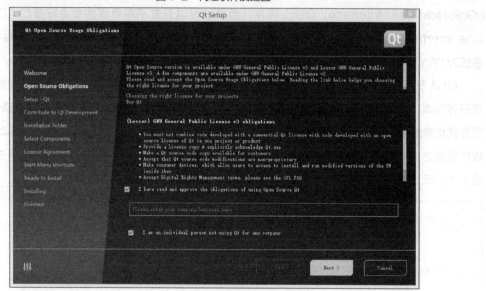

图 1-3　使用义务

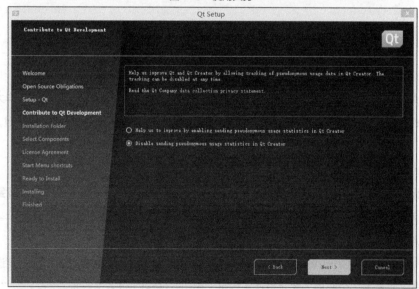

图 1-4　为 Qt 做贡献

在Installation Folder页面中选择"Custom installation"，并按照个人安装习惯选择常用路径，然后单击"Next"进入下一步，如图1-5所示。

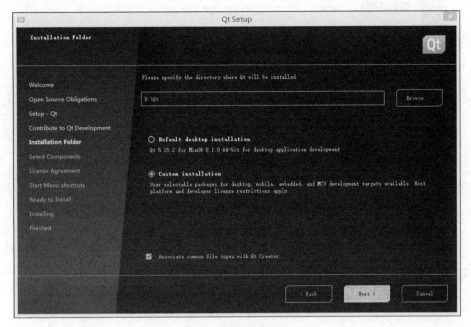

图1-5 选择安装目录

在图1-6中，选择需要安装的组件，然后单击"Next"进入License Agreement页面，选择"Agree"，单击"Next"进入Start Menu shortcuts页面，单击"Next"进入Ready to Install页面，单击安装按钮，就可以进行安装了。安装过程比较长，注意耐心等待。

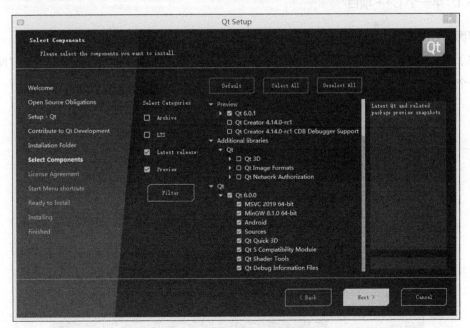

图1-6 选择Qt安装组件

安装成功后打开Qt Creator，运行界面如图1-7所示。

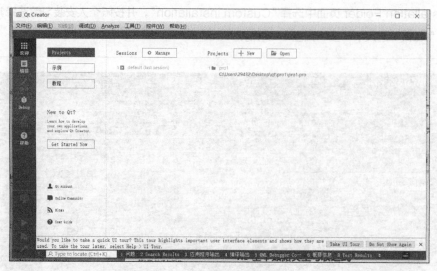

图 1-7　Qt Creator 运行界面

# 1.3 C++ 基础语法

C++ 的基础语法相当繁杂，而且还在不停地更新，这让很多初学者在编写代码的时候花费了很长时间。本书通过大量例子加上通俗易懂的详细讲解，可让读者深入浅出地学习 C++。

## · 1.3.1　第一个 C++ 项目

下面用 Qt 开始执行第一个项目 HelloWorld 吧！

（1）单击"开始"菜单的 Qt Creator，运行 Qt Creator，单击欢迎界面 Projects 处的"New"，创建一个新项目（或通过"文件"菜单新建一个新的项目），如图 1-8 所示。

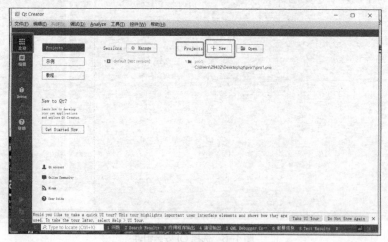

图 1-8　创建项目第 1 步

（2）单击选择对话框左边的"Non-Qt Project"，然后单击选择"Plain C++ Application"作

为模板建立项目，如图1-9所示。

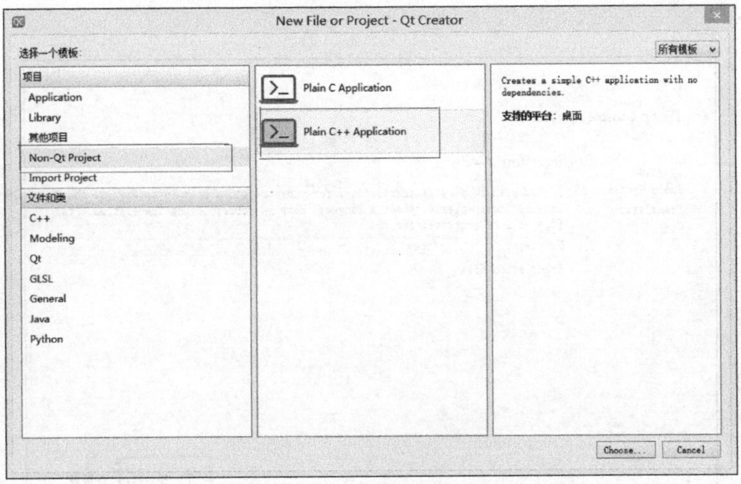

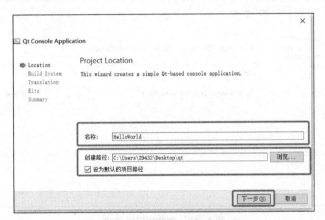

图1-9 创建项目第2步

（3）自定义项目的名称和创建路径，如图1-10所示，输入项目名称"HelloWorld"（名称或创建路径中有中文会导致编译错误）。

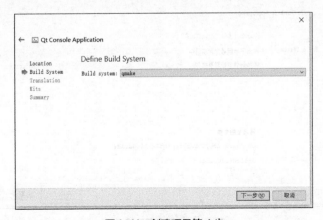

图1-10 创建项目第3步

（4）选择默认编译系统为"qmake"，如图1-11所示，然后单击"下一步"按钮。

图1-11 创建项目第4步

（5）接下来两步都直接单击"下一步"按钮，如图1-12和图1-13所示。然后单击"完成"按钮，如图1-14所示。

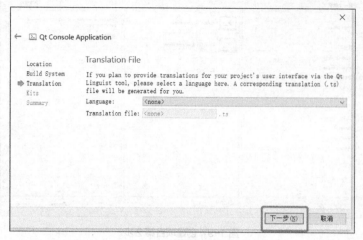

图1-12　创建项目第5步

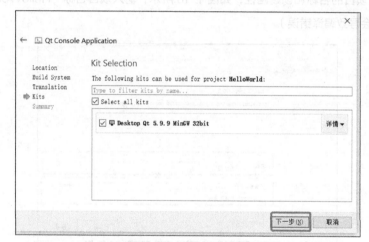

图1-13　创建项目第6步

图1-14　创建项目第7步

（6）在图1-15左侧单击"main.cpp"文件，并编写第一个项目HelloWorld，见例1-1。

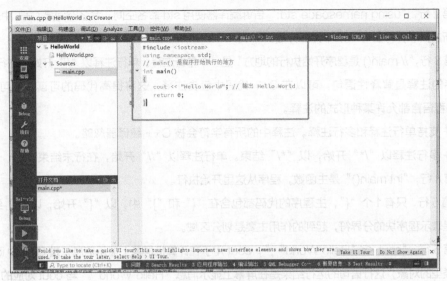

图1-15 编写代码图

例1-1：HelloWorld项目。

```cpp
#include <iostream>
using namespace std;
// main() 是程序开始执行的地方
int main()
{
    cout << "Hello World"; // 输出 Hello World
    return 0;
}
```

（7）例1-1运行结果如图1-16所示。

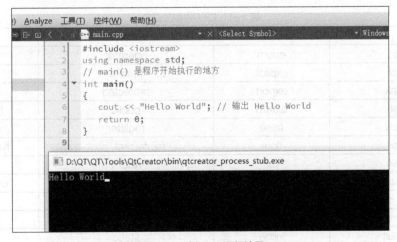

图1-16 例1-1 运行结果

通过例1-1的代码，我们可以了解如何创建项目、编写代码和运行代码，接下来分析这一段代码。

- C++定义了一些头文件，这些头文件包含程序中需要用到的函数。在例1-1中，第1行包含了头文件<iostream>，iostream指iostream库。iostream的意思是输入 / 输出流，由in（输入）、

out（输出）的首字母与 stream（流）组合而成。

- 第 2 行，"using namespace std;"告诉编译器使用 std 命名空间。命名空间是 C++ 中一个相对新的概念，将在 1.13 节中详细介绍。

- 第 3 行，"// main() 是程序开始执行的地方"是一个单行注释。单行注释以"//"开始，在行末结束。

程序的注释是解释性语句。可以在 C++ 代码中包含注释，这将提高代码的可读性和可维护性，所有的编程语言都允许某种形式的注释。

C++ 支持单行注释和多行注释。注释中的所有字符会被 C++ 编译器忽略。

C++ 多行注释以"/*"开始，以"*/"结束。单行注释以"//"开始，在行末结束。

- 第 4 行，"int main()"是主函数，程序从这里开始执行。

- 第 5 行，只有 1 个"{"，主程序的代码都包含在"{"和"}"中，以"{"开始，以"}"结束。它是表示程序块的分界符，起到的作用主要是划分区域。

- 第 6 行，"cout << "Hello World";"，cout 用于在计算机屏幕上显示信息，是 C++ 中 iostream 类型的对象，这行语句的运行结果是在屏幕上显示消息"Hello World"。与 cout 对应的 cin 代表标准输入设备，使用提取运算符">>"从键盘取得数据，二者都需要 iostream.h 支持。

- 第 7 行，"return 0;"终止 main() 函数，并向调用进程返回值 0。一般 return 0 表示程序运行正常并结束；而 return −1 表示返回一个代数值，一般用在子函数结尾，按照程序开发的惯例，表示该函数失败。在 C++ 中，";"是语句结束符，也就是说，每个语句必须以";"结束。

- 第 8 行，以"}"结束。

## · 1.3.2  C++ 关键字

表 1-1 所示为 C++ 中的关键字。这些关键字不能作为常量名、变量名或其他标识符名。

表 1-1  C++ 中的关键字

| | | | |
|---|---|---|---|
| asm | else | new | this |
| auto | enum | operator | throw |
| bool | explicit | private | true |
| break | export | protected | try |
| case | extern | public | typedef |
| catch | false | register | typeid |
| char | float | reinterpret_cast | typename |
| class | for | return | union |
| const | friend | short | unsigned |
| const_cast | goto | signed | using |
| continue | if | sizeof | virtual |
| default | inline | static | void |
| delete | int | static_cast | volatile |
| do | long | struct | wchar_t |
| double | mutable | switch | while |
| dynamic_cast | namespace | template | |

# 1.4 基本数据类型和变量

使用编程语言进行编程时，需要用到各种变量来存储各种信息。变量保留的是它所存储的值的内存位置。这意味着，当创建一个变量时，就会在内存中保留一些空间。操作系统会根据变量的数据类型来分配内存和决定在保留内存中存储什么。

## · 1.4.1 基本的内置类型

C++为程序员提供了种类丰富的内置数据类型和用户自定义的数据类型。表1-2所示为6种基本的C++数据类型。

表1-2 C++中的基本数据类型和描述

| 类型 | 关键字 | 描述 |
|---|---|---|
| 布尔型 | bool | 值为true或false |
| 字符型 | char | 通常是一个字符（8位）。字符通过一个整数类型来存储 |
| 整型 | int | 没有小数部分的数字 |
| 单精度浮点型 | float | 1位符号（表明正负），8位指数（用于存储科学记数法中的指数部分），23位小数（用于存储尾数部分） |
| 双精度浮点型 | double | 1位符号，11位指数，52位小数 |
| 无类型 | void | 表示类型的缺失 |

表1-3所示为各种数据类型在内存中存储值时需要占用的内存空间和所能存储的值的范围。

表1-3 各种数据类型、占用的内存空间和范围

| 变量类型 | 占用内存空间（B） | 范围 |
|---|---|---|
| char | 1 | –128 ~ 127 或者 0 ~ 255 |
| unsigned char | 1 | 0 ~ 255 |
| signed char | 1 | –128 ~ 127 |
| int | 4 | –2147483648 ~ 2147483647 |
| unsigned int | 4 | 0 ~ 4294967295 |
| signed int | 4 | –2147483648 ~ 2147483647 |
| short int | 2 | –32768 ~ 32767 |
| unsigned short int | 2 | 0 ~ 65535 |
| signed short int | 2 | –32768 ~ 32767 |
| long int | 8 | –9223372036854775808 ~ 9223372036854775807 |
| signed long int | 8 | –9223372036854775808 ~ 9223372036854775807 |

续表

| 变量类型 | 占用内存空间（B） | 范围 |
|---|---|---|
| unsigned long int | 8 | 0 ~ 18446744073709551615 |
| float | 4 | 1.2e-38 ~ 3.4e38（精度为 6 ~ 7 位有效数字） |
| double | 8 | 2.3e-308 ~ 1.7e308（精度为 15 ~ 16 位有效数字） |
| long double | 16 | 3.4e-4932 ~ 1.1e4932（精度为 18 ~ 19 位有效数字） |
| unsigned long long | 8 | 0~18446744073709551615 |
| long long | 8 | -9223372036854775808~9223372036854775807 |

### · 1.4.2 变量的声明和初始化

变量的声明就是告诉编译器在何处创建变量的存储，以及如何创建变量的存储。变量的声明指定一个数据类型，并包含该类型的一个或多个变量的列表，具体如下。

```
int  i, j, k;
char  c, ch;
float  f, salary;
double d;
```

"int i, j, k;"声明了变量 i、j 和 k，指示编译器创建名为 i、j、k 的类型为 int 的变量。

变量可以在声明的时候被初始化（指定一个初始值）。初始化器由一个等号和一个常量表达式组成，具体如下。

```
int d = 3, f = 5; // 声明并初始化 d 和 f
char x = 'x'; // 变量 x 的值为 'x'
```

不带初始化的声明：带有静态存储持续时间 (static) 的变量（全局变量）会被隐式初始化为 NULL（所有字节的值都是 0），其他所有变量的初始值是未定义的。

### · 1.4.3 变量作用域

变量作用域是程序的一个区域，一般来说有 3 个地方可以声明变量：在函数或一个代码块内部声明变量（称为局部变量）；在函数参数的定义中声明变量（称为形式参数）；在所有函数外部声明变量（称为全局变量）。后文会学习什么是函数和参数（见 1.8 节），这里先讲解何谓局部变量和全局变量。

#### ■ 1. 局部变量

在函数或一个代码块内部声明的变量称为局部变量。它们只能被函数内部或者代码块内部的语句使用。例 1-2 使用了局部变量。

例 1-2：局部变量。

```
#include <iostream>
using namespace std;
int main ()
{
    // 局部变量声明
    int a, b;
```

```
    int c;
    // 变量初始化
    a = 10;
    b = 20;
    c = a + b;
    cout << c;
    return 0;
}
```

例1-2 运行结果如图1-17 所示。

图 1-17　例 1-2 运行结果

### 2. 全局变量

在所有函数外部声明的变量（通常是在程序的开始）称为全局变量。全局变量的值在程序的整个生命周期内都是有效的。全局变量可以被任何函数访问。也就是说，全局变量一旦声明，在整个程序中都是可用的。例1-3 使用了全局变量和局部变量。

例1-3：全局变量和局部变量。

```
#include <iostream>
using namespace std;
// 全局变量声明
int g;
int main ()
{
    // 局部变量声明
    int a, b;
    // 变量初始化
    a = 10;
    b = 20;
    g = a + b;
    cout << g;
    return 0;
}
```

例1-3 运行结果如图1-18 所示。

在程序中，局部变量和全局变量的名称可以相同，但是在函数内局部变量的值会覆盖全局变量的值，见例1-4。

例1-4：局部变量覆盖全局变量。

```
#include <iostream>
using namespace std;
// 全局变量声明
```

```
int g = 20;
int main ()
{
    // 局部变量声明
    int g = 10;
    cout << g;
    return 0;
}
```

例 1-4 运行结果如图 1-19 所示。

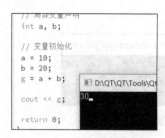

图 1-18　例 1-3 运行结果

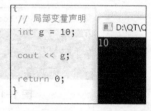

图 1-19　例 1-4 运行结果

## 1.4.4　常量定义

C++ 定义常量有以下两种方式。

- #define 宏常量：#define 常量名 常量值。通常在代码段前部定义，表示一个常量，语句最后没有结束符分号 ";"。

- const 修饰的变量：const 数据类型 常量名 = 常量值。通常在某个变量前加关键字 const，修饰该变量为常量，使之不可修改，语句最后有结束符分号 ";"，见例 1-5。

例 1-5：常量定义。

```
#include<iostream>
using namespace std;
// 宏常量
#define day 7
int main() {
    cout << " 一周里总共有 " << day << " 天 " << endl;
    //day = 8; // 报错，宏常量不可以修改
    // 加 const 修饰变量后，该变量变成常量，不可修改
    const int month = 12;
    cout << " 一年里总共有 " << month << " 个月 " << endl;
    //month = 24; // 报错，常量是不可以修改的
    return 0;
}
```

例 1-5 运行结果如图 1-20 所示。

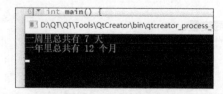

图 1-20　例 1-5 运行结果

二者的区别是 const 常量有数据类型，而宏常量没有数据类型。编译器可以对前者进行类型安全检查，而对后者只进行字符替换，没有类型安全检查，并且在字符替换时可能会产生意料不到的错误。

# 1.5 运算符

运算符是一种告诉编译器执行特定的数学或逻辑操作的符号。C++ 内置了丰富的运算符，并提供以下类型的运算符。

- 算术运算符：用于处理四则运算。
- 赋值运算符：用于将表达式的值赋给变量。
- 比较运算符：用于表达式的比较，并返回一个真值或假值。
- 逻辑运算符：用于根据表达式的值返回真值或假值。

## 1.5.1 算术运算符

作用：处理四则运算。

表 1-4 所示为常用的算术运算符，部分使用方法见例 1-6、例 1-7、例 1-8。

表 1-4 常用的算术运算符

| 运算符 | 含义 | 示例 | 结果 |
|---|---|---|---|
| + | 正号 | +3 | 3 |
| – | 负号 | –3 | –3 |
| + | 加 | 10 + 5 | 15 |
| – | 减 | 10–5 | 5 |
| * | 乘 | 10 * 5 | 50 |
| / | 除 | 10 / 5 | 2 |
| % | 取模（取余） | 10 % 3 | 1 |
| ++ | 前置递增 | a=2; b=++a; | a=3; b=3; |
| ++ | 后置递增 | a=2; b=a++; | a=3; b=2; |
| –– | 前置递减 | a=2; b=––a; | a=1; b=1; |
| –– | 后置递减 | a=2; b=a––; | a=1; b=2; |

例 1-6：加减乘除运算。

```
// 加减乘除
#include <iostream>
using namespace std;
int main() {
    int a1 = 10;
    int b1 = 3;
    cout << a1 + b1 << endl;
    cout << a1 – b1 << endl;
    cout << a1 * b1 << endl;
    cout << a1 / b1 << endl; // 两个整数相除，结果依然是整数
```

```
    int a2 = 10;
    int b2 = 20;
    cout << a2 / b2 << endl;
    int a3 = 10;
    int b3 = 0;
    //cout << a3 / b3 << endl; // 报错，除数不可以为 0
    // 两个小数可以相除
    double d1 = 0.5;
    double d2 = 0.25;
    cout << d1 / d2 << endl;
    return 0;
}
```

例 1-6 运行结果如图 1-21 所示。

总结：在除法运算中，除数不能为 0。

例 1-7：取模运算。

```
// 取模
#include <iostream>
using namespace std;
int main() {
    int a1 = 10;
    int b1 = 3;
    cout << a1 % b1 << endl;
    int a2 = 10;
    int b2 = 20;
    cout << a2 % b2 << endl;
    int a3 = 10;
    int b3 = 0;
    //cout << a3 % b3 << endl; // 取模运算时，除数也不能为 0
    // 两个小数不可以取模
    double d1 = 3.14;
    double d2 = 1.1;
    //cout << d1 % d2 << endl;
    return 0;
}
```

例 1-7 运行结果如图 1-22 所示。

图 1-21  例 1-6 运行结果        图 1-22  例 1-7 运行结果

总结：只有整型变量可以进行取模运算。

例 1-8：递增运算。

```
// 递增
#include <iostream>
```

```
using namespace std;
int main() {
    // 后置递增
    int a = 10;
    a++; // 等价于 a = a + 1
    cout << a << endl; // 11
    // 前置递增
    int b = 10;
    ++b;
    cout << b << endl; // 11
    // 区别
    // 前置递增先对变量进行递增运算，再计算表达式
    int a2 = 10;
    int b2 = ++a2 * 10;
    cout << b2 << endl;
    // 后置递增先计算表达式，后对变量进行递增运算
    int a3 = 10;
    int b3 = a3++ * 10;
    cout << b3 << endl;
    return 0;
}
```

例 1-8 运行结果如图 1-23 所示。

图 1-23　例 1-8 运行结果

总结：前置递增先对变量进行递增运算，再计算表达式；后置递增则先计算表达式，后对变量进行递增运算。

## · 1.5.2 赋值运算符

作用：将表达式的值赋给变量。

表 1-5 所示为常用的赋值运算符，部分使用方法见例 1-9。

表 1-5　常用的赋值运算符

| 运算符 | 含义 | 示例 | 结果 |
| --- | --- | --- | --- |
| = | 赋值 | a=2; b=3; | a=2; b=3; |
| += | 加等于 | a=0; a+=2; | a=2; |
| -= | 减等于 | a=5; a-=3; | a=2; |
| *= | 乘等于 | a=2; a*=2; | a=4; |
| /= | 除等于 | a=4; a/=2; | a=2;（取整数） |
| %= | 模等于 | a=3; a%=2; | a=1;（取余数） |

例 1-9：赋值运算符。

```
#include <iostream>
using namespace std;
int main() {
    // =
    int a = 10;
    a = 100;
    cout << "a = " << a << endl;
    // +=
    a = 10;
    a += 2; // a = a + 2;
    cout << "a = " << a << endl;
    // -=
    a = 10;
    a -= 2; // a = a - 2;
    cout << "a = " << a << endl;
    // *=
    a = 10;
    a *= 2; // a = a * 2
    cout << "a = " << a << endl;
    // /=
    a = 10;
    a /= 2;  // a = a / 2;
    cout << "a = " << a << endl;
    // %=
    a = 10;
    a %= 2;  // a = a % 2;
    cout << "a = " << a << endl;
    return 0;
}
```

例 1-9 运行结果如图 1-24 所示。

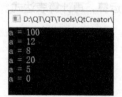

图 1-24　例 1-9 运行结果

### · 1.5.3　比较运算符

作用：表达式的比较，并返回一个真值或假值。

表 1-6 所示为常用的比较运算符，部分使用方法见例 1-10。

表 1-6　常用的比较运算符

| 运算符 | 含义 | 示例 | 结果 |
|---|---|---|---|
| = = | 等于 | 4 = = 3 | 0 |
| != | 不等于 | 4 != 3 | 1 |
| < | 小于 | 4 < 3 | 0 |

续表

| 运算符 | 含义 | 示例 | 结果 |
|---|---|---|---|
| > | 大于 | 4 > 3 | 1 |
| <= | 小于等于 | 4 <= 3 | 0 |
| >= | 大于等于 | 4 >= 1 | 1 |

例1-10：比较运算符。

```cpp
#include <iostream>
using namespace std;
int main() {
    int a = 10;
    int b = 20;
    cout << (a = = b) << endl; // 0
    cout << (a != b) << endl; // 1
    cout << (a > b) << endl; // 0
    cout << (a < b) << endl; // 1
    cout << (a >= b) << endl; // 0
    cout << (a <= b) << endl; // 1
    return 0;
}
```

注意：C++的比较运算中，"真"用数字"1"来表示，"假"用数字"0"来表示。

例1-10运行结果如图1-25所示。

图1-25　例1-10运行结果

## · 1.5.4　逻辑运算符

作用：根据表达式的值返回真值或假值。

表1-7所示为常用的逻辑运算符，部分使用方法见例1-11、例1-12、例1-13。

表1-7　常用的逻辑运算符

| 运算符 | 含义 | 示例 | 结果 |
|---|---|---|---|
| ! | 非 | !a | a为假，则!a为真；a为真，则!a为假 |
| && | 与 | a && b | a和b都为真，则结果为真，否则为假 |
| \|\| | 或 | a \|\| b | a和b有一个为真，则结果为真；二者都为假时，结果为假 |

例1-11：逻辑非运算符。

```cpp
// 逻辑非运算符
#include <iostream>
using namespace std;
int main() {
```

```
    int a = 10;
    cout << !a << endl; // 0
    cout << !!a << endl; // 1
    return 0;
}
```

例 1-11 运行结果如图 1-26 所示。

总结：真变假，假变真。

例 1-12：逻辑与运算符。

```
// 逻辑与运算符
#include <iostream>
using namespace std;
int main() {
    int a = 10;
    int b = 10;
    cout << (a && b) << endl;// 1
    a = 10;
    b = 0;
    cout << (a && b) << endl;// 0
    a = 0;
    b = 0;
    cout << (a && b) << endl;// 0
    return 0;
}
```

例 1-12 运行结果如图 1-27 所示。

图 1-26  例 1-11 运行结果

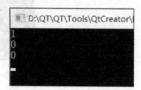

图 1-27  例 1-12 运行结果

总结：同真为真，其余为假。

例 1-13：逻辑或运算符。

```
// 逻辑或运算符
#include <iostream>
using namespace std;
int main() {
    int a = 10;
    int b = 10;
    cout << (a || b) << endl;// 1
    a = 10;
    b = 0;
    cout << (a || b) << endl;// 1
    a = 0;
    b = 0;
    cout << (a || b) << endl;// 0
    return 0;
}
```

例 1-13 运行结果如图 1-28 所示。

图 1-28　例 1-13 运行结果

总结：同假为假，其余为真。

# 1.6 控制台数据输入和输出

控制台也叫命令行。本节将介绍命令行的数据输入和输出。

- 数据输入。

作用：从键盘获取数据。

关键字：cin。

语法：cin >> 变量。

- 数据输出。

作用：屏幕显示数据。

关键字：cout。

语法：cout << 变量。

具体使用方法见例 1-14。

例 1-14：数据输入和输出。

```
#include <iostream>
using namespace std;
int main(){
    // 整型输入
    int a;
    cout << " 请输入整型变量: " << endl;
    cin >> a;
    cout << a << endl;
    // 浮点型输入
    double d;
    cout << " 请输入浮点型变量: " << endl;
    cin >> d;
    cout << d << endl;
    // 字符型输入
    char ch;
    cout << " 请输入字符型变量: " << endl;
    cin >> ch;
    cout << ch << endl;
    // 字符串型输入
    string str;
    cout << " 请输入字符串型变量: " << endl;
```

```
        cin >> str;
        cout << str << endl;
        // 布尔型输入
        bool flag;
        cout << " 请输入布尔型变量: " << endl;
        cin >> flag;
        cout << flag << endl;
        return 0;
}
```

例 1-14 运行结果如图 1-29 所示。

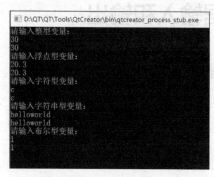

图 1-29　例 1-14 运行结果

# 1.7 结构化程序设计

C++ 支持最基本的 3 种程序运行结构：顺序结构、选择结构、循环结构。

- 顺序结构：程序按顺序执行，不发生语句跳转，此处不单独介绍。

- 选择结构：根据条件是否满足，有选择地执行相应的代码。

- 循环结构：根据条件是否满足，循环多次执行某段代码。

## · 1.7.1　选择结构

### ■ 1. if 语句

作用：执行满足条件的语句。

if 语句的 3 种形式如下。

- 单行格式 if 语句。

- 多行格式 if 语句。

- 多条件的 if 语句。

（1）单行格式 if 语句：if( 条件 ){ 条件满足时执行的语句 }，
流程如图 1-30 所示，使用方法见例 1-15。

例 1-15：单行格式 if 语句。

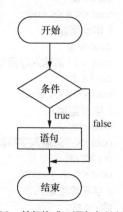

图 1-30　单行格式 if 语句条件判断流程

```cpp
#include <iostream>
using namespace std;
int main() {
    // 选择结构——单行格式 if 语句
    // 输入一个分数, 如果分数大于 600 分, 视为考上本科第一批录取的大学 (一本大学), 并输出
    int score = 0;
    cout << " 请输入一个分数: " << endl;
    cin >> score;
    cout << " 您输入的分数为: " << score << endl;
    //if 语句
    // 注意事项: 在 if 判断语句后面不要加分号
    if (score > 600)
    {
        cout << " 我考上了一本大学! ! ! " << endl;
    }
    return 0;
}
```

例 1-15 运行结果如图 1-31 所示。

注意: if 条件表达式后不要加分号。

(2) 多行格式 if 语句: if( 条件 ){ 条件满足时执行的语句 }else{ 条件不满足时执行的语句 }, 流程如图 1-32 所示, 使用方法见例 1-16。

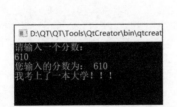

图 1-31 例 1-15 运行结果

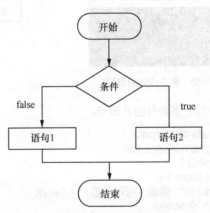

图 1-32 多行格式 if 语句条件判断流程

例 1-16: 多行格式 if 语句。

```cpp
#include <iostream>
using namespace std;
int main() {
    int score = 0;
    cout << " 请输入考试分数: " << endl;
    cin >> score;
    if (score > 600)
    {
        cout << " 我考上了一本大学 " << endl;
    }
    else
    {
```

```
        cout << " 我未考上一本大学 " << endl;
    }
    return 0;
}
```

例 1-16 运行结果如图 1-33 所示。

（3）多条件的 if 语句：if( 条件 1){ 条件 1 满足时执行的语句 }else if( 条件 2){ 条件 2 满足时执行的语句 }...else{ 都不满足时执行的语句 }，流程如图 1-34 所示，使用方法见例 1-17。

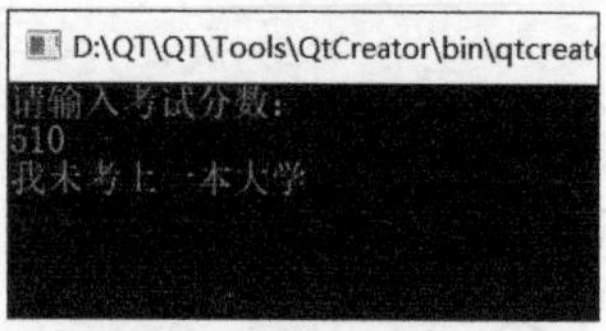

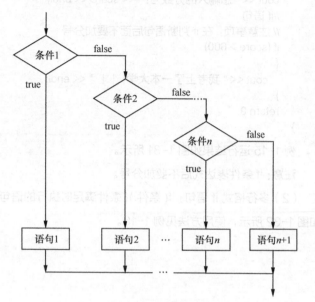

图 1-33　例 1-16 运行结果

图 1-34　多条件的 if 语句条件判断流程

例 1-17：多条件的 if 语句。

```
#include <iostream>
using namespace std;
int main() {
    int score = 0;
    cout << " 请输入考试分数: " << endl;
    cin >> score;
    if (score > 600)
    {
        cout << " 我考上了一本大学 " << endl;
    }
    else if (score > 500)
    {
        cout << " 我考上了二本大学 " << endl;
    }
    else if (score > 400)
    {
        cout << " 我考上了三本大学 " << endl;
    }
    else
    {
        cout << " 我未考上本科 " << endl;
    }
    return 0;
}
```

例1-17运行结果如图1-35所示。

总结：在if语句中，可以嵌套使用if语句，以达到更精确的条件判断。

### 2. 三目运算符

作用：通过三目运算符实现简单的判断。

语法：表达式1？表达式2: 表达式3。

解释：如果表达式1的值为真，执行表达式2，并返回表达式2的结果；如果表达式1的值为假，执行表达式3，并返回表达式3的结果。

具体使用方法见例1-18。

例1-18：三目运算符。

```cpp
#include <iostream>
using namespace std;
int main() {
    int a = 10;
    int b = 20;
    int c = 0;
    c = a > b ? a : b;
    cout << "c = " << c << endl;
    //C++中三目运算符返回的是变量，可以继续赋值
    (a > b ? a : b) = 100;
    cout << "a = " << a << endl;
    cout << "b = " << b << endl;
    cout << "c = " << c << endl;
    return 0;
}
```

例1-18运行结果如图1-36所示。

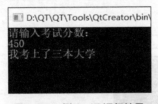
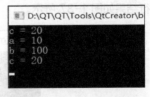

图1-35　例1-17运行结果　　　　　图1-36　例1-18运行结果

总结：和if语句相比较，三目运算符的优点是短小、整洁；缺点是如果用嵌套，结构不清晰。

### 3. switch 语句

作用：执行多条件分支语句。

语法：

```
switch( 表达式 )
{
    case 结果 1: 执行语句 ;break;
    case 结果 2: 执行语句 ;break;
    ...
    default: 执行语句 ;break;
}
```

具体使用方法见例 1-19。

例 1-19：switch 语句。

```cpp
#include <iostream>
using namespace std;
int main() {
    // 请给电影评分
    //10~9: 经典
    // 8: 非常好
    // 7~6: 一般
    // 5 分及以下 : 较差
    int score = 0;
    cout << " 请给电影打分 " << endl;
    cin >> score;
    switch (score)
    {
    case 10:
    case 9:
        cout << " 经典 " << endl;
        break;
    case 8:
        cout << " 非常好 " << endl;
        break;
    case 7:
    case 6:
        cout << " 一般 " << endl;
        break;
    default:
        cout << " 较差 " << endl;
        break;
    }
    return 0;
}
```

例 1-19 运行结果如图 1-37 所示。

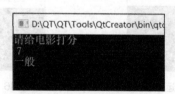

图 1-37　例 1-19 运行结果

注意 1：switch 语句中表达式的类型只能是整型或者字符型。

注意 2：case 里如果没有 break，那么程序会一直向下执行。

总结：与 if 语句相比较，在多条件判断时，switch 语句的结构更清晰，执行效率更高；缺点是 switch 语句不可以判断区间。

## · 1.7.2　循环结构

### 1. while 循环语句

作用：满足循环条件，执行循环语句。

语法: while( 循环条件 ){ 执行语句 }。

解释: 只要循环条件的结果为真, 就执行循环语句, 否则跳出循环。流程如图 1-38 所示, 使用方法见例 1-20。

例 1-20: while 循环语句。

```cpp
#include <iostream>
using namespace std;
int main() {
    int num = 0;
    while (num < 10)
    {
        cout << "num = " << num << endl;
        num++;
    }
    return 0;
}
```

例 1-20 程序运行结果如图 1-39 所示。

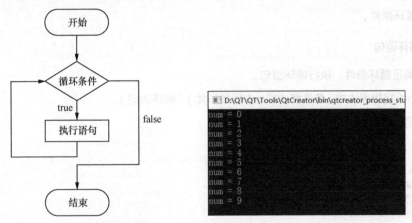

图 1-38　while 循环语句流程　　　　图 1-39　例 1-20 运行结果

注意: 在执行循环语句时, 程序必须提供跳出循环的出口, 否则会出现死循环, 即程序不能结束运行。

### 2. do-while 循环语句

作用: 满足循环条件, 执行循环语句。

语法: do{ 执行语句 } while( 循环条件 )。

流程如图 1-40 所示, 具体使用方法见例 1-21。

例 1-21: do-while 循环语句。

```cpp
#include <iostream>
using namespace std;
int main() {
    int num = 0;
    do
    {
        cout << "num" << num << endl;
        num++;
    } while (num < 10);
    return 0;
}
```

例 1-21 运行结果如图 1-41 所示。

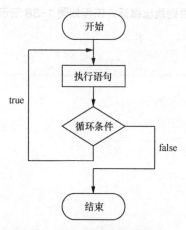

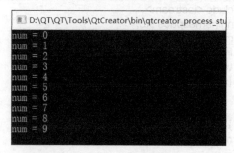

图 1-40  do-while 循环语句流程                    图 1-41  例 1-21 运行结果

总结：do-while 循环语句与 while 循环语句的区别在于，do-while 循环语句先执行一次循环语句，再判断循环条件。

### 3. for 循环语句

作用：满足循环条件，执行循环语句。

语法：for( 起始表达式 ; 条件表达式 ; 末尾循环体 ) { 循环语句 }。

具体使用方法见例 1-22。

例 1-22：for 循环语句。

```
#include <iostream>
using namespace std;
int main() {
    for (int i = 0; i < 10; i++)
    {
        cout << i << endl;
    }
    return 0;
}
```

例 1-22 运行结果如图 1-42 所示。

图 1-42  例 1-22 运行结果

注意：for 循环语句中的表达式，要用分号进行分隔。

总结：while 循环语句、do-while 循环语句、for 循环语句都是开发中常用的循环语句，for 循环语句结构清晰，比较常用。

### 4. 嵌套循环

作用：在循环体中再嵌套一层循环，解决一些实际问题。

嵌套循环语句的具体使用方法见例1-23。

例1-23：嵌套循环语句。

```
#include <iostream>
using namespace std;
int main() {
    // 外层循环执行 1 次，内层循环执行 1 轮
    for (int i = 0; i < 10; i++)
    {
        for (int j = 0; j < 10; j++)
        {
                cout << "*" << " ";
        }
        cout << endl;
    }
    return 0;
}
```

例1-23运行结果如图1-43所示。

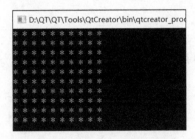

图1-43　例1-23运行结果

### · 1.7.3　跳转语句

在循环语句执行过程中，跳转语句用于实现程序语句的跳转。在 C++ 中，跳转语句有 break 语句、continue 语句、goto 语句 3 种，下面分别进行介绍。

### 1. break 语句

作用：跳出选择结构或者循环结构。

break 语句使用的情况有以下 3 种。

- 出现在 switch 条件语句中，作用是终止 case 并跳出 switch 条件语句。
- 出现在循环语句中，作用是跳出当前的循环语句。
- 出现在嵌套循环语句中，作用是跳出最近的内层循环语句。

具体使用方法见例1-24、例1-25、例1-26。

例1-24：跳转语句。

```
#include<iostream>
using namespace std;
int main() {
```

```
// 在 switch 语句中使用 break
cout << " 请选择您挑战副本的难度: " << endl;
cout << "1. 普通 " << endl;
cout << "2. 中等 " << endl;
cout << "3. 困难 " << endl;
int num = 0;
cin >> num;
switch (num)
{
case 1:
    cout << " 您选择的是普通难度 " << endl;
    break;
case 2:
    cout << " 您选择的是中等难度 " << endl;
    break;
case 3:
    cout << " 您选择的是困难难度 " << endl;
    break;
}
return 0;
}
```

例 1-24 运行结果如图 1-44 所示。

例 1-25: 跳出循环语句。

```
#include <iostream>
using namespace std;
int main() {
    // 在循环语句中使用 break
    for (int i = 0; i < 10; i++)
    {
        if (i == 5)
        {
            break; // 跳出循环语句
        }
        cout << i << endl;
    }
    return 0;
}
```

例 1-25 运行结果如图 1-45 所示。

图 1-44　例 1-24 运行结果

图 1-45　例 1-25 运行结果

例 1-26：跳转语句。

```cpp
#include <iostream>
using namespace std;
int main() {
    // 在嵌套循环语句中使用 break, 退出内层循环
    for (int i = 0; i < 10; i++)
    {
        for (int j = 0; j < 10; j++)
        {
            if (j == 5)
            {
                break;
            }
            cout << "*" << " ";
        }
        cout << endl;
    }
    return 0;
}
```

例 1-26 运行结果如图 1-46 所示。

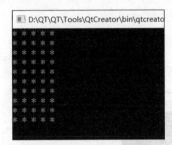

图 1-46　例 1-26 运行结果

## 2. continue 语句

作用：在循环语句中，跳过本次循环中余下尚未执行的语句，继续执行下一次循环，具体使用方法见例 1-27。

例 1-27：continue 语句。

```cpp
#include <iostream>
using namespace std;
int main() {
    for (int i = 0; i < 100; i++)
    {
        if (i % 2 == 0)
        {
            continue;
        }
        cout << i << endl;
    }
    return 0;
}
```

例 1-27 运行结果如图 1-47 所示。

注意：continue 语句并没有使整个循环终止，而 break 语句会跳出循环。

### ■ 3. goto 语句

作用：可以无条件跳转语句。

语法：goto 标记。

解释：如果标记的名称存在，执行到 goto 语句时会跳转到标记的位置。

具体使用方法见例 1-28。

例 1-28：goto 语句。

```cpp
#include <iostream>
using namespace std;
int main() {
    cout << "1" << endl;
    goto FLAG;
    cout << "2" << endl;
    cout << "3" << endl;
    cout << "4" << endl;
    FLAG:
    cout << "5" << endl;
    return 0;
}
```

例 1-28 运行结果如图 1-48 所示。

图 1-47　例 1-27 运行结果

图 1-48　例 1-28 运行结果

注意：在程序中不建议使用 goto 语句，以免造成程序流程混乱。

## 1.8 参数和函数

参数也叫参变量，它就是一个变量，传递参数就是传递变量。关于参数，可以这样去理解：魔法师可以根据观众的要求变出鸡、鸭、猫等动物，当观众要求魔法师变出鸡时，观众说出的"鸡"对魔法师而言就是参数。

函数是一组一起执行一个任务的语句。每个 C++ 程序都至少有一个函数，即主函数 main()，所有程序都可以定义其他额外的函数。可以把代码划分到不同的函数中，如何划分代码到不同的函数中可自行决定，但在逻辑上，划分通常是根据每个函数执行一个特定的任务进行的。函数的声明告诉编译器函数的名称、返回类型和参数。函数的定义提供了函数的实际主体。

## · 1.8.1  函数的定义

函数的定义一般主要由 5 个部分组成：返回值类型、函数名、参数列表、函数体语句、return 表达式。

具体语法如下。

```
返回值类型 函数名（参数列表）
{
    函数体语句
    return 表达式
}
```

- 返回值类型：一个函数可以返回一个值，有些函数只是执行所需的操作而不返回值，在这种情况下，返回值类型是 void。
- 函数名：这是函数的实际名称，自定义函数名须满足变量名命名规范。
- 参数列表：使用该函数时传入的数据。
- 函数体语句："{}"内的代码，函数内需要执行的语句。
- return 表达式：和返回值类型有关，函数执行完后，返回相应的数据。

具体定义方法见例 1-29。

例 1-29：定义一个加法函数，实现两个数相加。

```
// 函数定义
#include <iostream>
using namespace std;
int add(int num1, int num2)// 包括了 2 个形式参数（简称形参）
{
    int sum = num1 + num2;
    return sum;// 函数返回值
}
```

## · 1.8.2  函数调用

功能：创建 C++ 函数时，会定义函数的任务，然后通过调用函数来完成已定义的任务。当程序调用函数时，程序控制权会被转移给被调用的函数。被调用的函数执行已定义的任务，当函数的返回语句被执行时，或到达函数的结束标记花括号位置时，会把程序控制权交还给主程序。调用函数时，传递所需参数，如果函数返回一个值，则可以存储该返回值。

语法：函数名（参数）。

具体调用方法见例 1-30。

例 1-30：函数调用。

```
#include<iostream>
using namespace std;
```

```
// 函数定义
int add(int num1, int num2) // 定义中的 num1、num2 称为形式参数，简称形参
{
    int sum = num1 + num2;
    return sum;
}
int main() {
    int a = 10;
    int b = 10;
    // 调用 add() 函数
    int sum = add(a, b);// 调用时的 a、b 称为实际参数，简称实参
    cout << "sum = " << sum << endl;
    a = 100;
    b = 100;
    sum = add(a, b);
    cout << "sum = " << sum << endl;

    return 0;
}
```

例 1-30 运行结果如图 1-49 所示。

图 1-49　例 1-30 运行结果

总结：函数定义里圆括号内的参数称为形式参数（简称形参），函数调用时传入的参数称为实际参数（简称实参）。

## · 1.8.3　值传递

C++ 的参数传递方法有 3 种：值传递、地址传递、引用传递，具体如下。

值传递：在函数调用时，实参以数值形式传给形参。在进行值传递时，如果形参发生改变，并不会影响实参。

地址传递：在调用函数的时候，将参数的值所在的地址复制一份过去。因此，被调用函数对参数地址的值进行修改会影响原来的值。

地址传递是比较难理解的概念，对此进行对比说明：关于值传递，可这样去理解，子函数以形参形式从主函数中传入数据，但这个数据只和形参发生传值后就立刻返回，而后子函数发生的数据变化不会影响主函数的数据；关于地址传递，子函数以形参形式从主函数中传入的是存放数据的地址，因此子函数的数据变化就是主函数的数据变化。

进一步通过"孙悟空"和"杨戬"来举例说明。定义孙悟空为一个变量，杨戬为一个函数，变量孙悟空可利用分身术产生一个形参传递给函数杨戬，这时候为值传递。函数杨戬怎样收拾变量孙悟空的分身（形参，只传递值的副本）都不会对变量孙悟空本身产生影响，但如果变量孙悟空把真身的地

址告诉了函数杨戬（地址传递，传递变量孙悟空在内存中的地址），函数杨戬就可以根据地址找到变量孙悟空本身，这时候函数杨戬对变量孙悟空的操作就会改变孙悟空的值了。

引用传递：引用是变量的一个别名，调用别名和调用变量是完全一样的，其效果和地址传递一样。

这里先对值传递进行举例解释，见例1-31。地址传递举例请见1.10.4小节，引用传递举例请见2.2.2小节。

例1-31：值传递。

```
#include<iostream>
using namespace std;
void swap1(int num1, int num2)//num1 和 num2 为形参
{
        cout<<"swap1 中参数交换前: num1= " << num1 <<" num2 ="<<num2<< endl;
        int temp = num1;
        num1 = num2;
        num2 = temp;
        cout<<"swap1 中参数交换后: num1= " << num1 <<" num2 ="<<num2<< endl;
        return ; // 当函数声明时，如果函数返回类型为 void，则该函数不需要返回值，此处可不写 return
}
int main() {
        int a = 10;
        int b = 20;
        swap1(a, b);// 调用函数 swap(), a 和 b 为实参
        cout << " 调用 swap1 交换后 main 中的 a= " << a<<" b="<< b<< endl;
        return 0;
}
```

例1-31运行结果如图1-50所示。

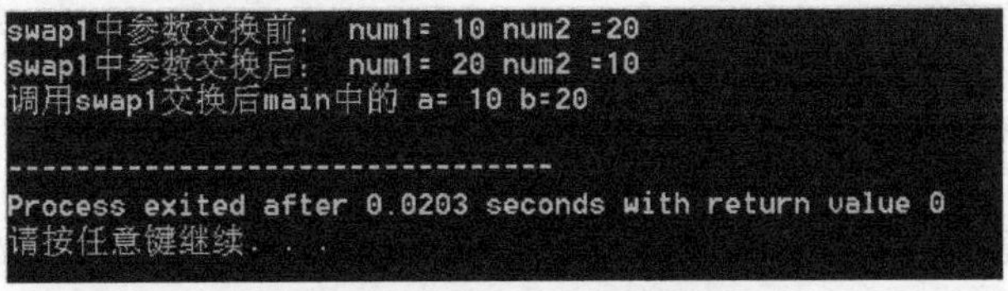

```
swap1中参数交换前：  num1= 10 num2 =20
swap1中参数交换后：  num1= 20 num2 =10
调用swap1交换后main中的 a= 10 b=20

--------------------------------
Process exited after 0.0203 seconds with return value 0
请按任意键继续. . .
```

图1-50　例1-31运行结果

总结：在进行值传递时，形参是改变不了实参（传递前的变量原值）的。

### 1.8.4　函数的常见样式

常见的函数样式有以下4种。

- 无参（数）无返（回值）。
- 有参无返。
- 无参有返。
- 有参有返。

具体见例1-32。

例1-32：函数常见样式。

```cpp
#include<iostream>
using namespace std;
// 函数常见样式
//1. 无参无返
void test01()
{
    //void a = 10; // 无类型不可以创建变量，原因是它无法分配内存
    cout << "this is test01" << endl;
    test01();// 函数调用
}
//2. 有参无返
void test02(int a)
{
    cout << "this is test02" << endl;
    cout << "a = " << a << endl;
}
//3. 无参有返
int test03()
{
    cout << "this is test03 " << endl;
    return 10;
}
//4. 有参有返
int test04(int a, int b)
{
    cout << "this is test04 " << endl;
    int sum = a + b;
    return sum;
}
```

### · 1.8.5  函数的声明

作用：告诉编译器函数名称和如何调用函数。函数的实际主体可以单独定义。

函数可以声明多次，但是函数只能定义一次。

在函数的声明中，参数的名称并不重要，只有参数的类型是必需的，因此下面也是有效的声明。

```cpp
int max(int, int);
```

具体声明方法见例1-33。

例1-33：函数的声明。

```cpp
#include<iostream>
using namespace std;
// 声明可以多次，定义只能一次
int max(int a, int b);
int max(int a, int b);
int main() {
    int a = 100;
    int b = 200;
```

```
        cout << max(a, b) << endl;
    return 0;
}
// 定义
int max(int a, int b)
{
    return a > b ? a : b;
}
```

例 1-33 运行结果如图 1-51 所示。

图 1-51　例 1-33 运行结果

### 1.8.6 外部文件

作用：调用外部文件可以让代码结构更加清晰，也就是所谓的用分文件保存源文件代码。

函数分文件编写一般有 4 个步骤。

- 创建扩展名为 .h 的头文件。
- 创建扩展名为 .cpp 的源文件。
- 在头文件中写函数的声明。
- 在源文件中写函数的定义。

具体使用方法见例 1-34。

例 1-34：外部文件。

```cpp
//swap.h 文件
#include<iostream>
using namespace std;
// 实现两个数字交换的函数声明
void swap(int a, int b);
//swap.cpp 文件
#include "swap.h"
void swap(int a, int b)
{
    int temp = a;
    a = b;
    b = temp;
    cout << "a = " << a << endl;
    cout << "b = " << b << endl;
}
//main() 函数文件
#include "swap.h"
int main() {
    int a = 100;
    int b = 200;
```

```
    swap(a, b);
    return 0;
}
```

# 1.9 数组与字符串

## · 1.9.1 数组

数组是一个可以存储固定大小的相同类型元素的顺序集合。数组是用来存储一系列数据的，但往往被认为是一系列相同类型的变量。

数组的声明并不是声明一个个单独的变量，如 number0, number1, …, number99，而是声明一个数组变量，如 numbers，然后使用 numbers[0], numbers[1],…, numbers[99] 来代表一个个单独的变量。数组中的特定元素可以通过索引访问。

所有数组的元素在内存中是连续存储的，占据连续的内存地址。最低的地址对应第一个元素，最高的地址对应最后一个元素。

### ■ 1. 一维数组

一维数组定义的 3 种方式。

* 数据类型 数组名 [ 元素个数 ];。
* 数据类型 数组名 [ 元素个数 ] = { 值1，值2，值3，…};。
* 数据类型 数组名 [ ] = { 值1，值2，值3，…};。

具体使用方法见例1-35、例1-36。

例1-35：数组的定义和赋值。

```
#include <iostream>
using namespace std;
int main() {
    // 定义方式 1
    // 数据类型 数组名 [ 元素个数 ];
    int score[10];
    // 利用下标赋值
    score[0] = 100;
    score[1] = 99;
    score[2] = 85;
    // 利用下标输出
    cout << score[0] << endl;
    cout << score[1] << endl;
    cout << score[2] << endl;
    // 定义方式 2
    // 数据类型 数组名 [ 元素个数 ] = { 值 1，值 2，值 3，…};
    // 如果 {} 内不足 10 个数据，剩余数据用 0 补全
    int score2[10] = { 100, 90,80,70,60,50,40,30,20,10 };
```

```
// 逐个输出
//cout << score2[0] << endl;
//cout << score2[1] << endl;
// 一个一个输出太麻烦，因此可以利用循环语句进行输出
for (int i = 0; i < 10; i++)
{
    cout << score2[i] << endl;
}
// 定义方式 3
// 数据类型 数组名 [] = { 值 1，值 2，值 3，…};
int score3[] = { 100,90,80,70,60,50,40,30,20,10 };
for (int i = 0; i < 10; i++)
{
    cout << score3[i] << endl;
}
return 0;
}
```

例 1-35 运行结果如图 1-52 所示。

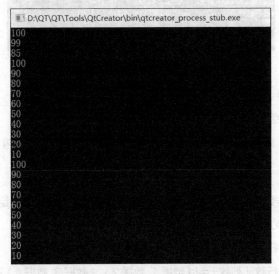

图 1-52　例 1-35 运行结果

总结 1：数组名的命名规范与变量名的命名规范一致，不要和变量重名。

总结 2：数组中的下标是从 0 开始的。

一维数组名称有以下 2 个用途。

- 可以统计整个数组在内存中的长度。
- 可以获取数组在内存中的首地址。

具体使用方法见例 1-36。

例 1-36：一维数组。

```
#include <iostream>
using namespace std;
int main() {
    // 数组名用途
```

```
//1. 可以获取整个数组占用内存空间的大小
int arr[10] = { 1,2,3,4,5,6,7,8,9,10 };
cout << "整个数组所占内存空间为: " << sizeof(arr) << endl;
cout << "每个元素所占内存空间为: " << sizeof(arr[0]) << endl;
cout << "数组的元素个数为: " << sizeof(arr) / sizeof(arr[0]) << endl;
//2. 可以通过数组名获取到数组首地址
cout << "数组首地址为: " << (long long)arr << endl; //64 位计算机用 long long, 32 位用 int
cout << "数组中第一个元素地址为: " << (long long)&arr[0] << endl;
cout << "数组中第二个元素地址为: " << (long long)&arr[1] << endl;
//arr = 100; 错误, 数组名是常量, 因此不可以赋值
return 0;
}
```

例 1-36 运行结果如图 1-53 所示。

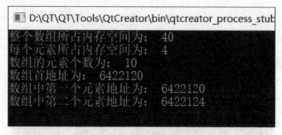

图 1-53　例 1-36 运行结果

注意：数组名是常量，不可以赋值。

总结 1：直接输出数组名，可以查看数组所占内存的首地址。

总结 2：对数组调用 sizeof() 操作符（非函数），可以获取整个数组占内存空间的大小。

### 2. 二维数组

二维数组就是在一维数组上多加一个维度。如二维矩阵就是一个二维数组。

二维数组定义的 4 种方式。

- 数据类型 数组名 [ 行数 ][ 列数 ];。

- 数据类型 数组名 [ 行数 ][ 列数 ] = {{ 数据 1, 数据 2 }, { 数据 3, 数据 4 }};。

- 数据类型 数组名 [ 行数 ][ 列数 ] = { 数据 1, 数据 2, 数据 3, 数据 4};。

- 数据类型 数组名 [ ][ 列数 ] = { 数据 1, 数据 2, 数据 3, 数据 4};。

以上 4 种定义方式，第 2 种更加直观，可提高代码的可读性。

具体使用方法见例 1-37、例 1-38、例 1-39。

例 1-37：二维数组。

```
#include <iostream>
using namespace std;
int main() {
    // 方式 1
    // 数组类型 数组名 [ 行数 ][ 列数 ]
    int arr[2][3];
    arr[0][0] = 1;
    arr[0][1] = 2;
```

```
        arr[0][2] = 3;
        arr[1][0] = 4;
        arr[1][1] = 5;
        arr[1][2] = 6;
        for (int i = 0; i < 2; i++)
        {
            for (int j = 0; j < 3; j++)
            {
                cout << arr[i][j] << " ";
            }
            cout << endl;
        }
        // 方式2
        // 数据类型 数组名 [ 行数 ][ 列数 ] = { { 数据 1, 数据 2 } , { 数据 3, 数据 4 } };
        int arr2[2][3] =
        {
            {1,2,3},
            {4,5,6}
        };
        // 方式3
        // 数据类型 数组名 [ 行数 ][ 列数 ] = { 数据 1, 数据 2, 数据 3, 数据 4 };
        int arr3[2][3] = { 1,2,3,4,5,6 };
        // 方式4
        // 数据类型 数组名 [][ 列数 ] = { 数据 1, 数据 2, 数据 3, 数据 4 };
        int arr4[][3] = { 1,2,3,4,5,6 };
        return 0;
    }
```

例 1-37 运行结果如图 1-54 所示。

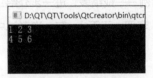

图 1-54　例 1-37 运行结果

总结：在定义二维数组时，如果对数据进行了初始化，可以省略行数。

下面通过例 1-38 对如何查看二维数组所占内存空间和如何获取二维数组首地址等操作进行说明。

例 1-38：二维数组操作。

```
#include <iostream>
using namespace std;
int main() {
    // 定义二维数组
    int arr[2][3] =
    {
        {1,2,3},
        {4,5,6}
    };
    cout << " 二维数组大小：" << sizeof(arr) << endl;
```

```
    cout << " 二维数组一行大小: " << sizeof(arr[0]) << endl;
    cout << " 二维数组元素大小: " << sizeof(arr[0][0]) << endl;
    cout << " 二维数组行数: " << sizeof(arr) / sizeof(arr[0]) << endl;
    cout << " 二维数组列数: " << sizeof(arr[0]) / sizeof(arr[0][0]) << endl;
    // 地址
    cout << " 二维数组首地址: " << arr << endl;
    cout << " 二维数组第一行地址: " << arr[0] << endl;
    cout << " 二维数组第二行地址: " << arr[1] << endl;
    cout << " 二维数组第一个元素地址: " << &arr[0][0] << endl;
    cout << " 二维数组第二个元素地址: " << &arr[0][1] << endl;
    return 0;
}
```

例 1-38 运行结果如图 1-55 所示。

图 1-55　例 1-38 运行结果

总结 1：二维数组数组名就是这个数组的首地址。

总结 2：对二维数组调用 sizeof() 操作符时，可以获取整个二维数组占用的内存空间大小。

接下来通过一个二维数组应用案例——成绩表，进一步介绍二维数组。

案例描述：有 3 名同学（张三、李四、王五），在一次考试中的成绩如表 1-8 所示，请分别输出 3 名同学的总成绩。

表 1-8　成绩表

| 姓名 | 语文 | 数学 | 英语 |
| --- | --- | --- | --- |
| 张三 | 100 | 100 | 100 |
| 李四 | 90 | 50 | 100 |
| 王五 | 60 | 70 | 80 |

具体的案例代码见例 1-39。

例 1-39：二维数组的应用。

```
#include <iostream>
using namespace std;
int main() {
    int scores[3][3] =
    {
        {100,100,100},
        {90,50,100},
        {60,70,80},
    };
```

```
            string names[3] = { " 张三 "," 李四 "," 王五 " };
            for (int i = 0; i < 3; i++)
            {
                int sum = 0;
                for (int j = 0; j < 3; j++)
                {
                        sum += scores[i][j];
                }
                cout << names[i] << " 同学总成绩为: " << sum << endl;
            }
            return 0;
        }
```

例 1-39 运行结果如图 1-56 所示。

图 1-56　例 1-39 运行结果

## · 1.9.2　字符串

### ■ 1. 数组型字符串

　　字符串实际上是使用字符'\0'终止的一维字符数组。因此，一个以'\0'结尾的字符串，包含了组成字符串的字符。

　　下面的声明和初始化创建了一个"Hello"字符串。由于在数组的末尾存储了空字符，所以字符数组的字符数比单词"Hello"的字符数多 1。

```
char greeting[6] = {'H', 'e', 'l', 'l', 'o', '\0'};
```

依据数组初始化规则，可以把上面的语句写成以下语句。

```
char greeting[] = "Hello";
```

C++ 中定义的字符串的内存表示如图 1-57 所示。

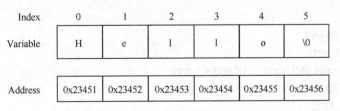

图 1-57　字符串的内存表示

字符串的定义和赋值见例 1-40。

例1-40：字符串的定义和赋值。

```cpp
#include <iostream>
using namespace std;
int main ()
{
    char greeting[6] = {'H', 'e', 'l', 'l', 'o', '\0'};
    cout << "Greeting message: ";
    cout << greeting << endl;
    return 0;
}
```

例1-40 运行结果如图 1-58 所示。

图 1-58　例 1-40 运行结果

C++ 提供了一些函数来操作以'\0'结尾的字符串，如表 1-9 所示。

表 1-9　字符串操作函数与功能

| 函数 | 功能 |
| --- | --- |
| strcpy(s1, s2) | 复制字符串 s2 到字符串 s1 |
| strcat(s1, s2) | 连接字符串 s2 到字符串 s1 的末尾 |
| strlen(s1) | 返回字符串 s1 的长度 |
| strcmp(s1, s2) | 如果 s1 和 s2 是相同的，则返回 0；如果 s1<s2，则返回值小于 0；如果 s1>s2，则返回值大于 0 |

例 1-41 使用了上述的一些函数。

例 1-41：字符串函数。

```cpp
#include <iostream>
#include <cstring> // 此处需要加入头文件 cstring 或者 string.h
using namespace std;
int main ()
{
    char str1[11] = "Hello";
    char str2[11] = "World";
    char str3[11];
    int  len ;
    // 复制 str1 到 str3
    strcpy( str3, str1);
    cout << "strcpy( str3, str1) : " << str3 << endl;
    // 连接 str1 和 str2
    strcat( str1, str2);
    cout << "strcat( str1, str2): " << str1 << endl;
    // 连接后，返回 str1 的总长度
    len = strlen(str1);
```

```
        cout << "strlen(str1) : " << len << endl;
        return 0;
    }
```

例1-41 运行结果如图1-59 所示。

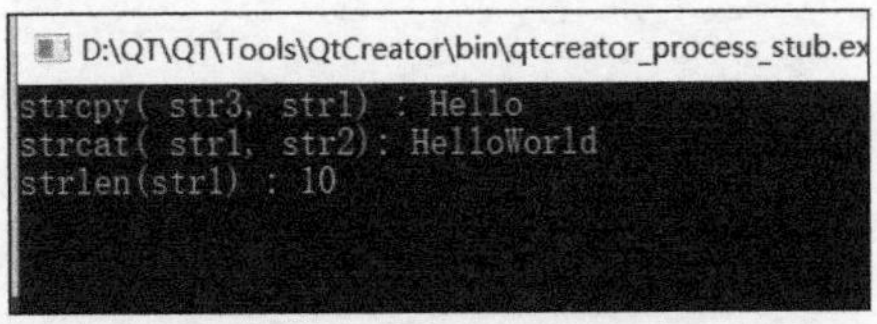

图1-59 例1-41 运行结果

### 2. string 类型字符串

C++ 标准库提供了 string 类型,支持上述所有的操作,另外还增加了其他功能。下面将学习 C++ 标准库中的这个类,首先来看例1-42。

例1-42:字符串操作。

```
#include <iostream>
#include <string.h>
using namespace std;
int main ()
{
    string str1 = "Hello";// 声明类并创建了对象 str1
    string str2 = "World";
    string str3;
    int  len ;
    // 复制 str1 到 str3
    str3 = str1;
    cout << "str3 : " << str3 << endl;
    // 连接 str1 和 str2
    str3 = str1 + str2;
    cout << "str1 + str2 : " << str3 << endl;
    // 连接后,返回 str3 的总长度
    len = str3.size();
    cout << "str3.size() : " << len << endl;
    return 0;
}
```

例1-42 运行结果如图1-60 所示。

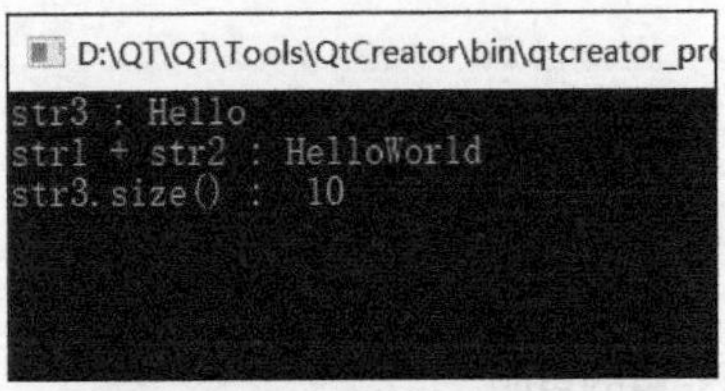

图1-60 例1-42 运行结果

如果读者无法透彻地理解这个实例，可能是因为到目前为止我们还没有讨论类和对象，所以现在读者可以粗略地看看这个实例，等理解了面向对象的概念之后再回头来分析这个实例。

# 1.10 指针

## 1.10.1 什么是指针

指针是一个变量，其值为另一个变量的地址，即内存位置的直接地址。就像其他变量或常量一样，用户必须在使用指针存储其他变量地址之前，对其进行声明。指针变量声明的一般形式如下。

```
type *var-name;
```

在这里：type 是指针的基类，它必须是一个有效的 C++ 数据类型；var-name 是指针变量的名称；用来声明指针的星号 * 与乘法中使用的星号是相同的，但是在这个语句中，星号用来指定一个变量是指针。以下是有效的指针声明。

```
int    *ip;  /* 一个整型的指针 */
double *dp;  /* 一个双精度浮点型的指针 */
float  *fp;  /* 一个单精度浮点型的指针 */
char   *ch;  /* 一个字符型的指针 */
```

不管是整型、浮点型、字符型还是其他数据类型的指针，都是一个代表内存地址长度的十六进制数。不同数据类型的指针之间唯一的不同是，指针所指向的变量或常量的数据类型不同。

## 1.10.2 指针的使用

使用指针时会频繁进行以下几个操作。

- 定义一个指针变量。
- 把变量地址赋值给指针或通过关键字 new 定义一个新变量并返回变量的地址。
- 访问指针变量中可用地址的值，这些值是通过使用运算符"*"返回的位于操作数所指定地址的变量的值。

例 1-43 涉及这些操作。

例 1-43：指针的使用。

```
#include <iostream>
using namespace std;
int main ()
{
    int  var = 20;        // 实际变量的声明
    int *ip;              // 指针变量的声明
    ip = &var;            // 在指针变量中存储 var 的地址
```

```
    int *ip_new;          // 通过关键字 new 定义新变量
    //new 的语法：new 类型（初始值）
    ip_new = new int(10);// 新建一个整型变量并赋初始值 10
    cout << "Value of var variable: ";
    cout << var << endl;
    // 输出在指针变量中存储的地址
    cout << "Address stored in ip variable: ";
    cout << ip << endl;
    cout<<ip_new<<endl;
    // 访问指针变量地址的值
    cout << "Value of *ip variable: ";
    cout << *ip << endl;
    cout<<*ip_new<<endl;
    return 0;
}
```

例 1-43 运行结果如图 1-61 所示。

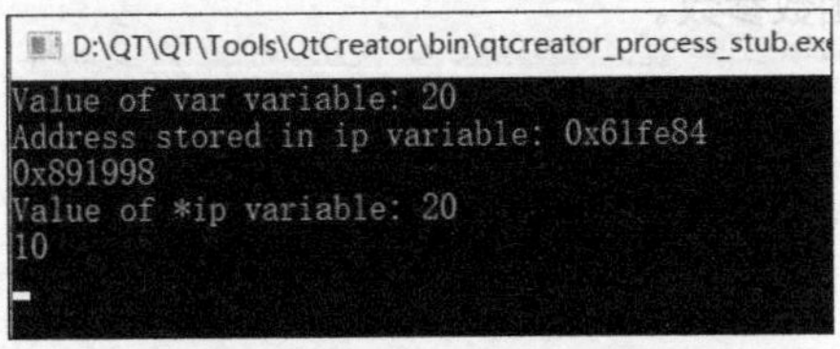

```
D:\QT\QT\Tools\QtCreator\bin\qtcreator_process_stub.exe
Value of var variable: 20
Address stored in ip variable: 0x61fe84
0x891998
Value of *ip variable: 20
10
```

图 1-61　例 1-43 运行结果

## · 1.10.3　指针和数组

下面通过例 1-44 说明如何利用指针来访问数组中的元素。

例 1-44：利用指针访问数组中的元素。

```
#include <iostream>
using namespace std;
int main() {
    int arr[] = { 1,2,3,4,5,6,7,8,9,10 };
    int * p = arr; // 指向数组的指针
    cout << " 第一个元素: " << arr[0] << endl;
    cout << " 指针访问第一个元素: " << *p << endl;
    for (int i = 0; i < 10; i++)
    {
        // 利用指针遍历数组
        cout << *p << endl;
        p++;
    }
    return 0;
}
```

例 1-44 运行结果如图 1-62 所示。

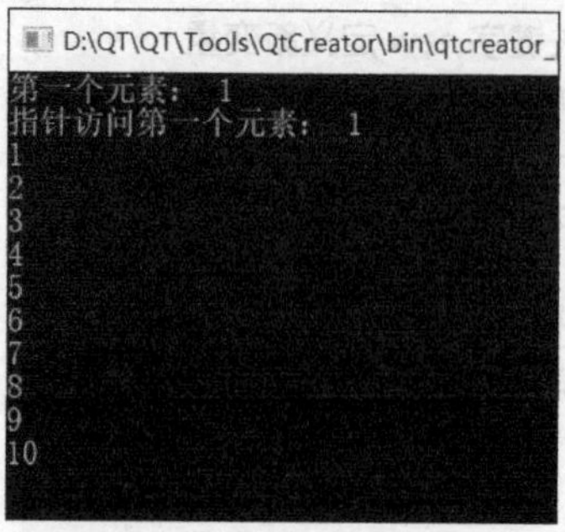

图 1-62　例 1-44 运行结果

## · 1.10.4　指针和函数

前文对地址传递进行了概念上的描述，学习了指针。由于指针指向地址，因此可利用指针作为函数参数，传递参数地址，达到修改实参的值的目的。下面通过例 1-45 进行说明。

例 1-45：利用指针作为函数参数。

```
// 值传递
#include <iostream>
using namespace std;
void swap1(int a ,int b)
{
    int temp = a;
    a = b;
    b = temp;
}
// 地址传递
void swap2(int * p1, int *p2)
{
    int temp = *p1;
    *p1 = *p2;
    *p2 = temp;
}
int main() {
    int a = 10;
    int b = 20;
    swap1(a, b); // 值传递不会改变实参的值
    swap2(&a, &b); // 地址传递会改变实参的值
    cout << "a = " << a << endl;
    cout << "b = " << b << endl;
    return 0;
}
```

例 1-45 运行结果如图 1-63 所示。

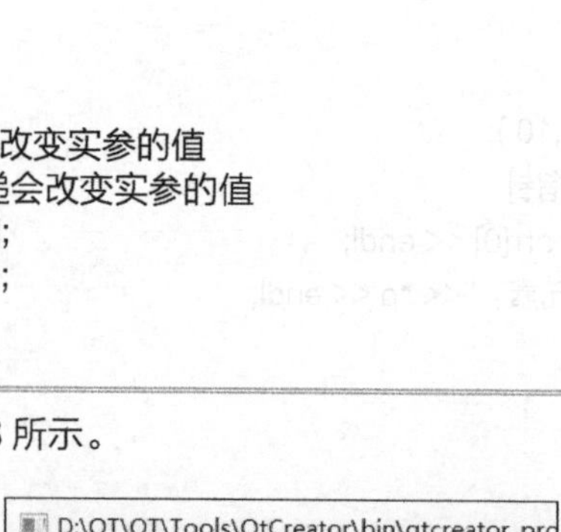

图 1-63　例 1-45 运行结果

总结：如果不想修改实参的值，就用值传递；如果想修改实参的值，就用地址传递或引用传递。

# 1.11 结构体

结构体是 C++ 中用户自定义的可用的数据类型，它允许用户存储不同类型的数据项。

结构体用于表示一条记录，假设用户想要跟踪图书馆中书的动态，可能需要跟踪每本书的下列属性。

- Title：标题。
- Author：作者。
- Subject：类目。
- Book ID：书的 ID。

## · 1.11.1 结构体的定义和使用

语法：struct 结构体名 { 结构体成员列表 }。

通过结构体创建变量的方式有以下 3 种。

- struct 结构体名 变量名。
- struct 结构体名 变量名 = { 成员 1 值，成员 2 值，… }。
- 定义结构体时顺便创建变量。

具体定义和使用方法见例 1-46。

例 1-46：结构体的定义和使用。

```
// 结构体定义
#include <iostream>
using namespace std;
struct student
{
    // 成员列表
    string name; // 姓名
    int age;    // 年龄
    int score;  // 分数
}stu3; // 结构体变量创建方式 3
int main() {
    // 结构体变量创建方式 1
    struct student stu1; //struct 关键字可以省略
    stu1.name = " 张三 ";
    stu1.age = 18;
    stu1.score = 100;
    cout << " 姓名：" << stu1.name << " 年龄：" << stu1.age  << " 分数：" << stu1.score << endl;
    // 结构体变量创建方式 2
    struct student stu2 = { " 李四 ",19,60 };
    cout << " 姓名：" << stu2.name << " 年龄：" << stu2.age  << " 分数：" << stu2.score << endl;
    stu3.name = " 王五 ";
    stu3.age = 18;
```

```
    stu3.score = 80;
    cout << " 姓名： " << stu3.name << " 年龄： " << stu3.age  << " 分数： " << stu3.score << endl;
    return 0;
}
```

例 1-46 运行结果如图 1-64 所示。

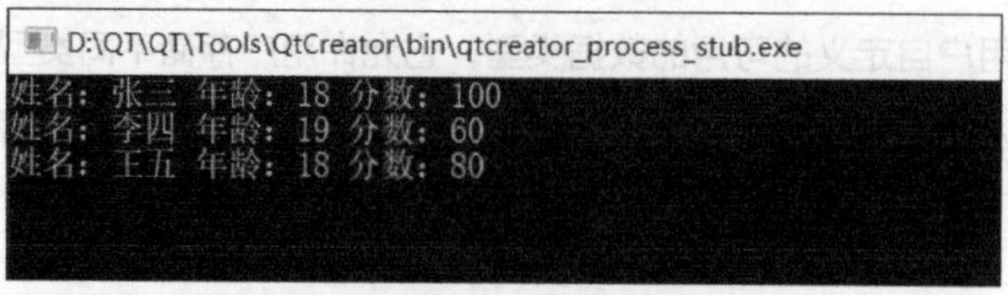

图 1-64　例 1-46 运行结果

总结 1：定义结构体时的关键字是 struct，不可省略。

总结 2：创建结构体变量时，关键字 struct 可以省略。

总结 3：结构体变量利用操作符 "." 访问成员。

### · 1.11.2　结构体作函数参数

可以把结构体作为函数参数，传参方式与其他类型的变量或指针类似，也可以使用例 1-46 中的方式来访问结构体变量。

具体使用方法见例 1-47。

例 1-47：结构体作函数参数。

```
#include <iostream>
#include <cstring>
using namespace std;
void printBook( struct Books book );
// 声明一个结构体类型 Books
struct Books
{
    char  title[50];
    char  author[50];
    char  subject[100];
    int   book_id;
};
int main( )
{
    Books Book1;        // 定义结构体类型 Books 的变量 Book1
    Books Book2;        // 定义结构体类型 Books 的变量 Book2
    // Book1 详述
    strcpy( Book1.title, "C++ 教程 ");
    strcpy( Book1.author, "Runoob");
    strcpy( Book1.subject, " 编程语言 ");
    Book1.book_id = 12345;
    // Book2 详述
    strcpy( Book2.title, "CSS 教程 ");
    strcpy( Book2.author, "Runoob");
```

```
    strcpy( Book2.subject, " 前端技术 ");
    Book2.book_id = 12346;
    // 输出 Book1 信息
    printBook( Book1 );
    // 输出 Book2 信息
    printBook( Book2 );
    return 0;
}
void printBook( struct Books book )
{
    cout << " 书标题: " << book.title <<endl;
    cout << " 书作者: " << book.author <<endl;
    cout << " 书类目: " << book.subject <<endl;
    cout << " 书 ID : " << book.book_id <<endl;
}
```

例 1-47 运行结果如图 1-65 所示。

图 1-65 例 1-47 运行结果

## · 1.11.3 结构体指针

定义结构体指针的方式与定义指向其他类型变量指针的方式相似,如下所示。

struct Books *struct_pointer;

在上述定义的指针变量中存储结构变量的地址。为了查找结构变量的地址,需把 "&" 运算符放在结构名称的前面,如下所示。

struct_pointer = &Book1;

为了使用结构体指针来访问结构中的成员,必须使用 "–>",如下所示。

struct_pointer->title;

使用结构体指针来重写上面的实例,有助于理解结构体指针的概念,具体见例 1-48。

例 1-48:结构体指针。

```
#include <iostream>
#include <cstring>
using namespace std;
void printBook( struct Books *book );
struct Books
{
```

```
    char  title[50];
    char  author[50];
    char  subject[100];
    int   book_id;
};
int main( )
{
    Books Book1;        // 定义结构体类型 Books 的变量 Book1
    Books Book2;        // 定义结构体类型 Books 的变量 Book2
    // Book1 详述
    strcpy( Book1.title, "C++ 教程 ");
    strcpy( Book1.author, "Runoob");
    strcpy( Book1.subject, " 编程语言 ");
    Book1.book_id = 12345;
    // Book2 详述
    strcpy( Book2.title, "CSS 教程 ");
    strcpy( Book2.author, "Runoob");
    strcpy( Book2.subject, " 前端技术 ");
    Book2.book_id = 12346;
    // 通过传 Book1 的地址来输出 Book1 信息
    printBook( &Book1 );
    // 通过传 Book2 的地址来输出 Book2 信息
    printBook( &Book2 );
    return 0;
}
// 该函数以结构体指针作为参数
void printBook( struct Books *book )
{
    cout << " 书标题: " << book->title <<endl;
    cout << " 书作者: " << book->author <<endl;
    cout << " 书类目: " << book->subject <<endl;
    cout << " 书 ID : " << book->book_id <<endl;
}
```

例 1-48 运行结果如图 1-66 所示。

图 1-66  例 1-48 运行结果

# 1.12 异常处理

异常是程序在运行期间产生的问题。C++ 异常是指在程序运行时发生的特殊情况，如尝试除以 0

的操作，如果不进行异常处理，程序就会崩溃。通过对用户在程序中的非法输入进行控制和提示，对不合适的处理进行异常处理，可防止程序崩溃。异常提供了一种转移程序控制权的方式，C++ 异常处理涉及 3 个关键字：try、catch、throw。

- throw：当问题出现时，程序会抛出一个异常。
- catch：在想要处理问题的地方，通过异常处理程序捕获异常。
- try：try 块中的代码标识将被特定异常激活。它后面通常跟着一个或多个 catch 块。

如果有一个块抛出一个异常，捕获异常时会使用 try 和 catch 关键字。try 块中放置可能抛出异常的代码，try 块中的代码被称为保护代码。使用 try-catch 语句的语法如下。

```
try
{
    // 保护代码
}catch( ExceptionName e1 )
{
    // catch 块
}catch( ExceptionName e2 )
{
    // catch 块
}catch( ExceptionName eN )
{
    // catch 块
}
```

如果 try 块在不同的情境下抛出不同的异常，可以尝试罗列多个 catch 语句，用于捕获不同类型的异常。

## · 1.12.1 抛出异常

利用 throw 语句，可以在代码块中的任何地方抛出异常。throw 语句的操作对象可以是任意的表达式，表达式结果的类型决定了抛出异常的类型。

以下是尝试除以 0 时抛出异常的实例。

```
double division(int a, int b)
{
    if( b == 0 )
    {
        throw "Division by zero condition!";
    }
    return (a/b);
}
```

## · 1.12.2 捕获异常

catch 块跟在 try 块后面，用于捕获异常。用户可以指定想要捕捉的异常类型，这是由 catch 关键字后括号内的异常声明决定的。

```
try
{
    // 保护代码
}catch( ExceptionName e )
{
    // 处理 ExceptionName 异常的代码
}
```

上面的代码会捕获一个类型为 ExceptionName 的异常。如果想让 catch 块能够处理 try 块抛出的任何类型的异常，则必须在异常声明的括号内使用省略号，具体如下。

```
try
{
    // 保护代码
}catch(...)
{
    // 能处理任何异常的代码
}
```

抛出一个除以 0 的异常，并在 catch 块中捕获该异常的代码见例 1-49。

例 1-49：捕获异常。

```
#include <iostream>
using namespace std;
double division(int a, int b)
{
    if( b == 0 )
    {
        throw "Division by zero condition!";
    }
    return (a/b);
}
int main ()
{
    int x = 50;
    int y = 0;
    double z = 0;
    try {
      z = division(x, y);
      cout << z << endl;
    }catch (const char* msg) {
      cerr << msg << endl;//cerr 表示输出到标准错误的 ostream 对象
    }
    return 0;
}
```

由于抛出了一个类型为 const char*（division() 函数中）的异常，因此，当捕获该异常时，必须在 catch 块中使用 const char*。

例 1-49 运行结果如图 1-67 所示。

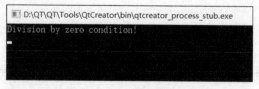

图 1-67　例 1-49 运行结果

在执行"try-throw-catch"语句块的过程中，程序运行到 try 块后，执行 try 块内的程序块。如果没有引起异常，那么跟在 try 块后的 catch 子句都不执行，程序从最后一个 catch 子句后面的语句继续执行下去；如果抛出异常，则暂停当前函数的执行，开始查找匹配的 catch 子句并执行。首先要检查 throw 是否在匹配的 try 块内，如果是，检查 catch 子句，看其中之一与抛出对象是否匹配。如果找到匹配的 catch，就处理异常；如果找不到，就退出当前函数并释放局部对象，然后继续在调用函数中查找。在调用函数中，检查与该 try 块相关的 catch 子句。如果找到匹配的 catch，就处理异常；如果找不到，则退出调用函数，然后继续在调用这个函数的函数中查找。沿着嵌套函数调用链继续向上寻找，直到为异常找到一个 catch 子句。只要找到能够处理异常的 catch 子句，就进入该 catch 子句，并在它的处理程序中继续执行。当 catch 结束时，跳转到该 try 块的最后一个 catch 子句之后的语句继续执行。下面通过例 1-50 进行详细说明。

例 1-50：异常处理。

```cpp
#include<iostream>
using namespace std;
int j=0;
void fun(int test){
    if(test==0) throw test; // 抛出整型异常
    if(test==1) throw 1.5;// 抛出双精度浮点型异常
    if(test==2) throw "abc";// 抛出字符型异常
    cout<<"fun 调用正常结束 "<<j++<<endl;
}
void caller1(int test)
{
    try{
        fun(test);
    }
    catch(int) {
        cout<<"caller1 捕获 int "<<j++<<endl;// 捕获异常
    }
    cout<<"caller1 调用正常结束 "<<j++<<endl;//caller1 正常结束时输出
}
void caller2(int test)
{
    try{
        caller1(test);        // 检测异常时发生捕获异常
    }
    catch(double){
        cout<<"caller2 捕获 double "<<j++<<endl;
    }
    catch(...) {
        cout<<"caller2 捕获所有未知异常 "<<j++<<endl; // 捕获异常
    }
    cout<<"caller2 调用正常结束 "<<j++<<endl;
}
int main(){
    for(int i=3;i>=0;i--)
        caller2(i);
    return 0;
}
```

例1-50运行结果如图1-68所示。

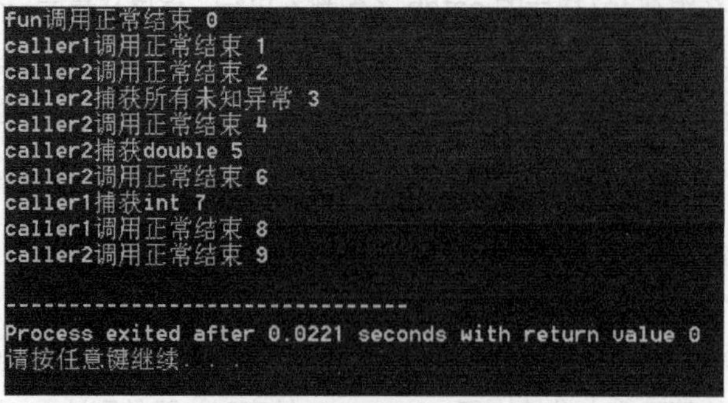

```
fun调用正常结束 0
caller1调用正常结束 1
caller2调用正常结束 2
caller2捕获所有未知异常 3
caller2调用正常结束 4
caller2捕获double 5
caller2调用正常结束 6
caller1捕获int 7
caller1调用正常结束 8
caller2调用正常结束 9

-----------------------------
Process exited after 0.0221 seconds with return value 0
请按任意键继续. . .
```

图1-68　例1-50运行结果

第1次运行时，i=3，调用函数 caller2()，函数 caller2() 调用函数 caller1()，函数 caller1() 调用函数 fun(3)，此时 fun() 运行正常，输出结果如下。

fun 调用正常结束 0

然后依次返回到 caller1() 函数和 caller2() 函数，输出结果如下。

caller1 调用正常结束 1
caller2 调用正常结束 2

第2次运行时，i=2，调用函数 caller2()，函数 caller2() 调用函数 caller1()，函数 caller1() 调用函数 fun(2)，此时 fun() 运行异常，抛出异常"abc"，即字符型异常。由于 fun() 函数没有 try、catch 等异常处理模块，这个异常抛给 fun() 的调用者 caller1() 函数，而 caller1() 函数因为没有处理字符型的异常，这个异常再次抛给调用者函数 caller2()，函数 caller2() 通过 catch(…)（"…"表示拦截所有异常）捕获"abc"这个字符型异常，输出结果如下。

caller2 捕获所有未知异常 3
caller2 调用正常结束 4

第3次运行时，i=1，与第2次类似，caller2() 函数通过 catch(double) 捕获异常，输出结果如下。

caller2 捕获 double 5
caller2 调用正常结束 6

第4次运行时，i=0，调用函数 caller2()，函数 caller2() 调用函数 caller1()，函数 caller1() 调用函数 fun(0)，此时 fun 运行异常，抛出异常 test=0 为整型异常。由于函数 fun() 没有 try、catch 等异常处理模块，这个异常抛给函数 fun() 的调用者 caller1() 函数，函数 caller1() 通过 catch(int) 处理这个异常，最后回到 caller2() 函数，最终输出结果如下。

caller1 捕获 int 7
caller1 调用正常结束 8
caller2 调用正常结束 9

# 1.13 命名空间

在 C++ 中，变量、函数以及类都是大量存在的，这些变量、函数以及类的名称都存在于全局作用域中，可能会导致很多冲突。使用命名空间的目的是对标识符的名称进行本地化，以避免命名冲突或名字污染。比如，不同程序员可能会命名同一个变量或者函数名。为了解决变量和函数等的作用范围问题，C++引入了命名空间的概念，并增加了关键字 namespace 和 using。在一个命名空间中可以定义一组变量和函数，这些变量和函数的作用范围一致，可以将这些变量和函数称为这个命名空间的成员。通过命名空间，可以在同一个文件中使用相同的变量名或函数名，只要它们属于不同的命名空间。另外，命名空间可以让代码操作具有相同名字但属于不同库的变量。

标准 C++ 库中所包含的所有内容（包括常量、变量、结构、类以及函数等）都被定义在标准命名空间 std（standard，标准）中了。

## · 1.13.1 命名空间的定义

命名空间的定义使用关键字 namespace，后跟命名空间的名称，示例如下。

```
namespace namespace_name {
    // 代码声明
}
```

为了调用带有命名空间的函数或变量，需要在函数或变量前面加上命名空间的名称，示例如下。

```
name::code; // code 可以是变量或函数
```

下面通过例 1-51 来看一下命名空间如何为变量或函数等实体定义范围。

例 1-51：命名空间。

```
#include <iostream>
using namespace std;
// 第一个命名空间
namespace first_space{
    void func(){
        cout << "Inside first_space" << endl;
    }
}
// 第二个命名空间
namespace second_space{
    void func(){
        cout << "Inside second_space" << endl;
    }
}
int main ()
{
    // 调用第一个命名空间中的函数
    first_space::func();
    // 调用第二个命名空间中的函数
    second_space::func();
    return 0;
}
```

例 1-51 运行结果如图 1-69 所示。

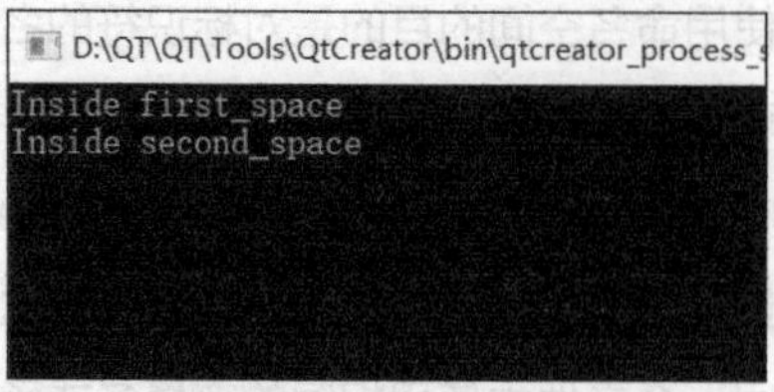

图 1-69　例 1-51 运行结果

　　编写代码时，可以使用 using namespace 指令，这样在使用命名空间时就可以不用在函数或变量前面加上命名空间的名称。这个指令会告诉编译器，后续的代码将使用指定的命名空间中的名称。具体见例 1-52。

　　例 1-52：使用命名空间。

```
#include <iostream>
using namespace std;
// 第一个命名空间
namespace first_space{
    void func(){
        cout << "Inside first_space" << endl;
    }
}
// 第二个命名空间
namespace second_space{
    void func(){
        cout << "Inside second_space" << endl;
    }
}
using namespace first_space;
int main ()
{
    // 调用第一个命名空间中的函数
    func();
    return 0;
}
```

　　例 1-52 运行结果如图 1-70 所示。

图 1-70　例 1-52 运行结果

# 1.14　在统信 UOS 环境下安装 Qt

　　在统信 Unity Operating System（UOS）环境下安装 Qt 比较简单，在统信 UOS 的桌面右击并选择"在终端中打开",打开 UOS 的命令行终端,在命令行终端输入以下命令即可完成 Qt 5.11.3 的安装。

```
sudo apt-get install qt5-default qtcreator
```

输入命令后 sudo(类似于 Windows 的添加 / 删除程序)自动从网络下载所需的包,例如开发工具 Qt Creator、编译器 qmake、帮助文档、开发样例,等等,下载中输入字母 y 来确认下载即可。

# 1.15 小结

本章通过 52 个实例介绍了 C++ 的基础语法。通过本章,读者可了解 C++ 的数据类型、变量的概念及 C++ 应该如何定义变量。读者需要掌握"结构化程序设计"和"数组与字符串"这两节,重点理解、掌握函数与指针的思想和使用,理解为什么要使用函数和指针。本章作为 C++ 的基础,其代码将贯穿全书。希望读者能认真学习本章的理论部分,并动手编写实例中的代码,加深学习印象。

# 1.16 习题

1. 输入 3 个整数,将之按从小到大的顺序输出。

2. 输出所有的"水仙花数"。水仙花数指一个 3 位数,其各位数字的立方和为它本身,如 $153 = 1^3 + 5^3 + 3^3$,153 即是水仙花数。

3. 输入一个偶数 $x$,输出两个素数且素数之和为 $x$。

4. 输入一个数组 $x$,对 $x$ 进行从小到大排序并输出。

5. 相传韩信才智过人,从不直接清点自己军队的人数,只要让士兵先后以 3 人一排、5 人一排、7 人一排地变换队形,而他每次只看一眼队伍的排尾就知道总人数了。输入 3 个非负整数 $a$、$b$、$c$,表示每种队形排尾的人数($a < 3$、$b < 5$、$c < 7$),输出总人数的最小值(或报告无解)。已知总人数不小于 10,不超过 100。

6. 有 $n$ 盏灯,编号为 1 ~ $n$,第 1 个人把所有灯打开,第 2 个人按下所有编号为 2 的倍数的开关(这些灯将被关掉),第 3 个人按下所有编号为 3 的倍数的开关(其中关掉的灯将被打开,开着的灯将被关闭),依此类推。一共有 $k$ 个人,问最后有哪些灯开着?输入 $n$ 和 $k$,输出开着的灯的编号,其中 $k \leq n \leq 100$。

7. 实现一个学生管理系统。学生有姓名,学号,语、数、英成绩等信息,使用一个数组来存储,需要有输出学生信息列表的函数和按成绩排名的函数。

第 **2** 章

# 类和对象

第 1 章介绍了 C++ 的基础语法，包括变量、选择结构、循环结构、函数、结构体等，本章介绍 C++ 相对于 C 语言最大的不同之处：类和对象的思想以及具体编程和实现。

本章主要内容和学习目标如下。

- 类的定义。
- 类的使用。
- 构造函数和析构函数。
- 对象数组。
- this 指针。
- 静态成员。

# 2.1 类的定义

类和对象是 C++ 相对于 C 语言的主要区别所在，C++ 认为"万事万物皆为对象"，对象有其属性和行为。人可以作为对象，属性有姓名、性别、年龄、身高、体重等，行为有走、跑、跳等；车也可以作为对象，属性有车轮、方向盘、车灯等，行为有载人、放音乐、开空调等。具有相同属性的对象，可以将其抽象为"类"，人属于"人"类，车属于"车"类。

首先对类和对象进行概念的描述，便于读者加深理解。所谓类，就是一类事或物的统称，如所有的人构成"人"类，所有的鱼构成"鱼"类。所谓对象，则是具体的某一件事或某一个物体（类的某个实例）。如张三、李四，他们是具体的某个人，是"人"类的具体对象；对于"鱼"类而言，某一条具体的鱼就是"鱼"类的一个对象。

定义一个类，本质上是定义一个数据类型的蓝图，定义了类的对象包括什么，以及可以在这个对象上执行哪些操作。以学生为例，定义一个"学生"类，包含学生的姓名、学号、性别、成绩等基本信息（也称属性），在这些信息的基础上，学生自己添加具体的行为（也称方法），比如查成绩、吃饭、睡觉等。

类的定义以关键字 class 开始，后跟类名。类的主体的定义必须包含在"{ }"中，称类内部，否则称类外部（成员函数可以在类内部声明，而在类外部定义），下面的代码定义了类 nothing。

```
class nothing{ // 类定义开始，从"{"开始称类内部，或作用域
    //nothing;
};// 类定义结束，"}"向上到"{"称类内部
```

类定义最后必须跟着一个"；"或一个声明列表，例 2-1 是给出关键字 class, 定义 Student 类的过程。

例 2-1：类定义。

```
#include <iostream>
using namespace std;
class Student  // 类定义开始
{
    public:
    int id; // 学生的学号，公有成员
    char name[5]; // 学生姓名
    char sex[2]; // 学生性别
    private:    int score; // 成绩，私有成员
    public: void setscore(int a) // 成绩设置
    {
        score=a;// 私有成员在类内部可访问
    }
    public: int getscore() // 成绩查询
    {
        return score;// 私有成员在类内部可访问
    }
};
int main(){
    Student s;
    s.id=1; // 公有成员在类外部通过"."运算直接访问
```

```
        s.setscore(100);// 私有成员在类外部通过公有函数访问
        cout <<s.id<< " score is "<<s.getscore() << endl;
        return 0;
    }
```

关键字 public 指明类成员的访问权限为公有。在类对象作用域内，公有成员在类的内部和外部都是可访问的。也可以指定类成员访问权限为保护（protected）或者私有（private），详见 2.1.3 小节。

类的一大特性是实现了封装。下面以细胞为例对封装进行说明。细胞是生物体的基本组成部分。细胞通过细胞膜划出了自己清晰的边界。在边界内部，细胞有自己的各种物质。细胞膜则控制着允许外界通过的物质。而类在面向对象编程中的地位像细胞一样，是一个面向对象程序的基本组成部分，并具有不可分割性。一个类在内部包含多种元素，其中一部分元素，设计者是不希望外部访问的（protected 或者 private），因而类必须具备与细胞膜同样的性质：对包含的各种元素（属性）进行访问控制，由此定义明确而清晰的边界。这就是类的封装，封装的目的是隔离变化。通过为客户提供抽象接口（公有方法），隐藏实现细节，让代码只依赖于更稳定的抽象，与易于变化的实现细节进行隔离，从而让代码更加稳定（向着稳定方向依赖）。

## 2.1.1 对象的创建

类是一个抽象的概念，而对象则是这种概念的实例。例如，学生是一个整体概念，可以说是所有的学生，而具体到某一个学生，则是一个类的实例。

类提供了对象的蓝图，对象是根据类来创建的。声明类的对象，就像声明基本类型的变量一样。下面的语句声明了类 Student 的 3 个对象。

```
Student zhangsan;
Student lisi;
Student wangwu;
```

对象 zhangsan、lisi 以及 wangwu 都有它们各自的数据成员（属性）和行为（方法，或函数），数据成员分配有独自的空间，但成员函数空间只有一个。

## 2.1.2 对象数据成员的访问

与 C++ 中的结构体类似，类的对象中公有的数据成员可通过对象操作符"."或者类指针对象操作符"->"来访问，具体访问方法见例 2-2。

例 2-2：对象数据成员的访问。

```
#include <iostream>
using namespace std;
class Student
{
    public:
    int id;  // 学号
    char name[5]; // 姓名
    char sex[2]; // 性别
```

```
    private:
    int score=100; // 成绩
    public:
    int getscore();// 成绩查询，类中声明，类外定义
};
int Student::getscore(){// 成绩查询，类外定义
    return score;
}
int main( )
{
    Student zhangsan;// 声明类 Student 的对象 zhangsan
    Student *lisi;// 声明类 Student 的指针对象 lisi
    zhangsan.id = 1;  // zhangsan id 属性赋值
    cout<<"zhangsan id is "<<zhangsan.id<<endl;
    lisi = &zhangsan;// 将 lisi 指针指向 zhangsan
    cout<<"lisi's score is "<<lisi->getscore()<<endl;// lisi 通过公有函数对私有成员访问
    return 0;
}
```

例 2-2 运行结果如图 2-1 所示。

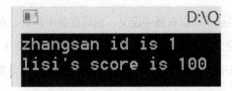

图 2-1　例 2-2 运行结果

## · 2.1.3　成员的访问权限

类与结构体不同的是，类的非公有成员变量在类的外部是不能直接操作的，如在 main() 函数中不能直接通过点 "." 来获得变量的值。

类在设计时，可以把属性和方法放在不同的权限下加以控制，C++ 中的访问权限有 3 种，如表 2-1 所示。

表 2-1　成员类别和访问权限

| 成员类别 | 英文 | 类内访问权限 | 类外访问权限 |
| --- | --- | --- | --- |
| 公有权限 | public | 类内可以访问 | 类外可以访问 |
| 保护权限 | protected | 类内可以访问 | 类外不可以访问 |
| 私有权限 | privated | 类内可以访问 | 类外不可以访问 |

具体类成员访问方法见例 2-3。

例 2-3：类成员访问。

```
#include <iostream>
using namespace std;
// 不同属性的访问方式
class Student{
    private:
    int id=0;
```

```
        protected:
        int grade=1;
        public:
        int age=0;
        void setId(int newId){
            id = newId;
        }
};
int main(){
    Student a;
    a.age = 10;// 可以在外部访问
    //a.id = 10;// 错误，id 为私有属性，无法在外部直接访问
    a.setId(10);// 只能通过调用类的 public 方法修改 private 成员值
}
```

从这个例子可以看出，如果不涉类继承（见 3.3 节），私有类型和保护类型数据成员在访问权限上是相同的。

### · 2.1.4  成员函数的声明和定义

类的成员函数（或接口函数）可以在类中定义，也可在类中声明，在类外定义。例 2-3 就是在类中声明并定义。如果是类外定义，需要在类中先声明，在类的外部使用范围解析运算符"::"定义该函数。在类外定义时，是在类中声明，同样可以访问类的成员，例 2-3 的类外定义如下。

```
......
class Student{
......

        void setId(int newId); // 类中先声明成员函数
};
void Student::setId(int newId){// 类外定义成员函数
    id = newId;
    }
int main(){
    ......
    a.setId(10);// 只能通过调用类的 public 方法修改 private 成员值
}
```

## 2.2 类的使用

定义一个类，并创建出一个类的具体对象，会在内存中得到一个可供程序员操作的数据结构，也就是一个对象。但类的使用方式与普通的变量、结构体等有所不同。

### · 2.2.1  类的作用域

类的作用域与普通变量的作用域相同，一般都在"{ }"中间。但是如果对象是通过指针以 new() 函数的方式创建的，则类的作用域由程序决定，通常在调用 delete() 方法后，该指针对象消亡，但该类的对象依然存在，相当于该指针放弃了对这片内存的"所有权"。通俗来讲，类的对象就是一座房子，而

指针对象就是指向房子的指针，指针对象释放了，但房子依然存在。下面通过例 2-4 进一步进行讲解。

例 2-4：类的作用域。

```
#include<iostream>
using namespace std;
class Student {
public:
    int a;
};
int main() {
Student * tmp;
    {
        Student stu;
        Student *p =new Student;//new 是在堆内存中动态开辟空间创建对象，需手动释放
        tmp = p;
        p->a=2;// 通过指针赋值
        p=NULL;// 只把指针对象置空，但对象依然存在，可用 delete p;p=NULL 两语句分别释放对
               // 象空间和指针
        tmp->a=1;//p 指针对象定义在 "{}" 中，后面有 "}"，其作用域局限在此结束
    };
    //cout<<stu.a;// 未定义变量 stu, 作用域只在 "{}" 中间
    //p->a=2;//p 在其定义域 "{}" 的作用域外，不能运行
    cout<<tmp->a;// 仍然可以访问
    return 0;
}
```

在这个例子中，p 指针对象定义被夹在相邻的 "{}" 中，直到后面与其最近的 "}"，其作用域局限在此结束，作用域外不可以访问。

## · 2.2.2 对象成员的引用

引用变量实际上是给另一个变量取一个别名。如已经定义了一个变量叫作 a，将一个新的变量 b 作为变量 a 的引用，相当于给 a 取了一个别名叫作 b。对象的引用与一般变量的引用类似，一般由编译器处理引用，如：

```
int a;
int& b = a;// 引用变量定义
b=3;// 对 b 的修改会影响 a
```

在这里 "&" 不是取地址操作符，而是类型标识符的一部分。定义变量 b 为变量 a 的引用变量后，对 b 的任何操作等同于对 a 进行操作，见例 2-5。

例 2-5：引用变量。

```
#include<iostream>
using namespace std;
class Student {
public:
    int a;
};
void change(int& b) { // 将形参 b 定义为引用变量，对变量 b 操作等同于对 a 进行操作
    b= 1;
}
int main() {
    Student a;
    change(a.a); // 将对象 a 的公有属性 a.a 作为实参，进行引用传递
```

```
        cout<<a.a;
        return 0;
}
```

例 2-5 运行结果如图 2-2 所示。

图 2-2　例 2-5 运行结果

# 2.3 构造函数和析构函数

对象的初始化和清除（即释放）是面向对象程序设计中的重点安全问题。当创建对象时，通常有以下几个步骤：向内存申请空间来存放数据，将申请的空间进行初始化并返回给用户，用户开始使用。当一个对象使用完成时，需进行清除，没有正确的初始化和清除会造成安全问题。C++ 针对类的初始化和清除设计了构造函数和析构函数，这两个函数会在创建类时自动调用，完成对象的初始化和清除工作。注意，当没有显式地定义构造函数和析构函数时（所谓显式，就是程序中出现构造函数和析构函数的定义语句），编译器会自动添加默认的构造函数和析构函数，但构造函数一般不执行任何操作。

构造函数的要点如下。

- 没有返回值且不用写 void。
- 函数名必须与类名相同。
- 参数可以自定义，支持重载。

关于重载，C++ 允许在同一作用域中的函数和运算符（如加、减、乘、除等）具有多个定义，分别称为函数重载和运算符重载。C++ 允许声明几个功能类似的同名函数，但这些同名函数的形参（指参数的个数、类型或者顺序）必须不同，也就是说用同一个函数（名）来完成不同的功能，这就是函数重载。函数重载常用来解决功能类似而所处理的数据类型不同的问题。

析构函数的要点如下。

- 没有返回值且不用写 void。
- 函数名与类名相同，函数名前加上 "~" 符号。
- 参数只能为空。

具体使用方法见例 2-6。

例 2-6：构造函数和析构函数。

```
#include <iostream>
using namespace std ;
class Student{
public:
    Student() {
        cout<<"Student 对象的构造函数 "<<endl;
    }
    ~ Student() {
```

```
            cout<<"Student 对象的析构函数 "<<endl;
    }
};
int main() {
    Student s;
    return 0;
}
```

例 2-6 运行结果如图 2-3 所示。

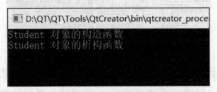

图 2-3 例 2-6 运行结果

观察程序运行结果，可以发现当执行 Student s 时，调用 Student 类的构造函数输出"Student 对象的构造函数"，之后输出"Student 对象的析构函数"。

### · 2.3.1 构造函数类型

构造函数包括普通构造函数和复制构造函数，其中复制构造函数的格式如下。

- 函数的参数为自身类型的常引用，通过"const 类名 &"修饰。
- 其余与普通构造函数相同。

具体使用方法见例 2-7。

例 2-7：构造函数。

```
#include<iostream>
using namespace std;
int j=0;// 便于输出行号
class Student{
    public:
    int id=0;
    Student() {// 无参数的构造函数
        cout<<"Student 对象的构造函数 "<<j++<<endl;
    }
    Student(int a) {// 带整型参数的构造函数
        cout<<"Student 对象的带有一个参数的构造函数 "<<j++<<endl;
    }
    Student(const Student & s) {// 被 const 修饰的变量称常类型变量，通过引用变量实现复制构造函数
        cout<<"Student 的复制构造函数 "<<j++<<endl;
        //s.id=5; // 不能运行，对象 s 被 const 修饰了，包括成员也不能修改
    }
    ~ Student() {
        cout<<"Student 对象的析构函数 "<<j++<<endl;
    }
};
int main(int argc, char* argv[]) {
    Student s1; // 调用对象构造函数 0
    Student s2(1);// 调用带参数的对象构造函数 1
    Student s3(s1);// 通过将对象"s1"作为参数，复制全部成员变量到"s3"对象
```

```
    // 程序运行结束，调用析构函数的次序与构造函数的次序相反，最先调用构造函数，则最后调
// 用析构函数，反之亦然
        return 0;
    }
```

例 2-7 运行结果如图 2-4 所示。

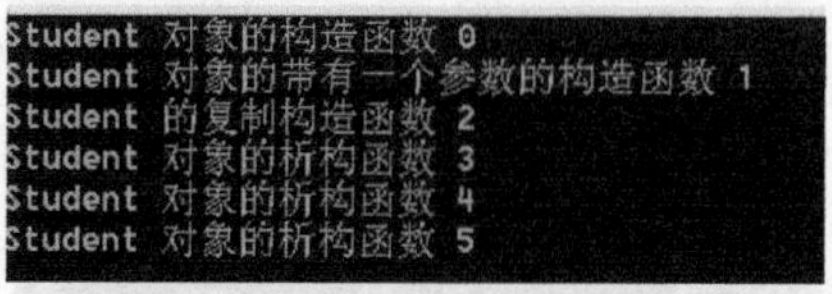

```
Student 对象的构造函数 0
Student 对象的带有一个参数的构造函数 1
Student 的复制构造函数 2
Student 对象的析构函数 3
Student 对象的析构函数 4
Student 对象的析构函数 5
```

图 2-4  例 2-7 运行结果

在例 2-7 的代码中添加了详细的注释和说明，在无显式调用（通过语句明确调用）析构函数的情况下，调用析构函数的次序正好与调用构造函数的次序相反：最先被调用的是构造函数，则其对应的（同一对象中的）析构函数最后被调用；而最后被调用的是构造函数，则其对应的析构函数最先被调用。

因为复制构造函数是用引用方式传递复制对象，引用方式传递的是地址，所以在构造函数内对该引用的修改会影响源对象。在用对象 1 构造对象 2 时，用户自然不希望复制构造函数会改变对象 1 的内容，因此要防止复制构造函数内部修改该引用，所以用 const 声明。

当然，构造函数的调用方法也有其他的用法，如：

```
Student s4 = 10;// 等价于 Student s4(10);
Student s5 = s4;// 等价于 Student s5(s4);
```

在开发中一般使用显式调用，也就是通过语句明确调用。

同时，构造函数最重要的一个任务就是初始化数据。C++ 提供了一种语法来初始化数据，也称为初始式，见例 2-8。

例 2-8：构造函数初始化。

```
#include<iostream>
using namespace std;
class Student{
public:
    int age;
    int no;
    Student():age(10),no(1){};
};
int main(int argc, char* argv[]) {
    Student s1; // 调用对象构造函数
    cout<<s1.age<<" "<<s1.no<<endl;
}
```

从例中可以看到，在构造函数的类名"()"与"{}"中间加上一个"："，然后将要初始化的变量直接以"()"的方式初始化，即将 Student 类对象的 age 属性值赋值为 10，no 赋值为 1。该方法在继承的时候使用较多，如果提供了具体变量，则称直接初始化。

## · 2.3.2  复制构造函数调用情况

C++ 中调用复制构造函数通常有 3 种情况。

● 使用一个已经创建的对象来创建一个新的对象。

- 以值传递的方式给函数传参。

- 以值传递的方式放回局部对象（编译器可能会优化）。

具体复制方法见例 2-9。

例 2-9：复制构造函数。

```cpp
#include<iostream>
using namespace std;
int j=0;// 便于查看输出结果
class Student{
public:
    Student() {
        cout<<"Student 对象的第一种构造函数 "<<j++<<endl;
    }
    Student(int a) {// 带参数构造函数 2
        cout<<"Student 对象的带有一个参数的第二种构造函数 "<<j++<<endl;
    }
    Student(const Student & s) {// 带复制构造函数 3
        cout<<"Student 的复制构造函数的第三种构造函数 "<<j++<<endl;
    }
    ~ Student() {
        cout<<"Student 对象的析构函数 "<<j++<<endl;
    }
};
Student func (Student&a) {
    return a;
}
Student func2() {
    Student s(10); // 调用 Student 的第二种参数构造函数 2
    return s;// 通常编译器会优化
};
int main(int argc, char* argv[]) {
    Student s1;// 第一种方式
    Student s2 = func(s1);// 执行 func() 函数中的语句，调用复制构造函数的第三种构造函数
    Student s3 = func2();// 第二种方式
    // 先析构 s3，再析构 s2 最后析构 s1
    return 0;
}
```

例 2-9 运行结果如图 2-5 所示。

图 2-5 例 2-9 运行结果

## · 2.3.3 深复制与浅复制

深复制与浅复制是 C/C++ 等支持直接操作内存等语言的学习重点。特别是 C++ 引入了类的概念之后，更要求程序员进一步理解内存的管理机制。浅复制可能会导致程序运行错误，这是初学者易犯的错误。

### 1. 浅复制

- 将常引用对象的每一个成员变量的值复制。
- 指针类型的值仅复制指针的地址，而不复制指针所指向的内容。

### 2. 深复制

不仅对成员变量的值进行复制，还将指针指向的内容复制，重新开辟空间进行保存。

下面通过例 2-10 和例 2-11 帮助读者了解、分析并解决错误。

例 2-10：浅复制。

```
#include<iostream>
using namespace std;
class arr {
    public:
    int size;
    int* array; // 定义整型数组
    arr (int size) {
        array = new int[size];// 申请数组空间
        for (int i = 0; i < size; i++)
            array[i] = 0;// 对数组内容进行复制
    }// 参数为整数的构造函数
    ~ arr() {
        cout<<" 调用析构函数 "<<endl;
        delete[] array;
    }
};
int main() {
    arr a(5);// 将 5 作为参数传入
    arr b=a;// 将 a 对象作为参数传入，此句报错
    return 0;
}
```

运行程序时出错，是因为程序在语句"arr b=a;"中通过对象赋值，而在类 arr 定义中并没有实现深复制，即没有单独开辟空间给对象 b，只是将对象 b 指向了对象 a。在类 array 的定义中，只是浅复制，即仅将对象 a 的地址赋值给对象 b。程序运行结束时，由于对象 b 先析构置空，对象 a 提前为空，无法再析构，所以程序会报错，这时需要对类进行重新定义，增加深复制的功能，具体代码见例 2-11。

例 2-11：深复制。

```
#include<iostream>
using namespace std;
class arr {
    public:
    int size;
    int* array; // 定义整型数组
    arr (int size) {
        array = new int[size];// 申请数组空间
        for (int i = 0; i < size; i++)
            array[i] = 0;// 对数组内容进行复制
```

```
        }// 参数为整数的构造函数
    // 以下为引用对象 a 为参数的构造函数，实现深复制
        arr (const arr& a) {
            size = a.size;
            array = new int[size];// 重新申请数组空间
            for (int i = 0; i < size; i++)
                            array[i] = a.at(i);// 通过 at() 函数，取出对象 a 的数组内容并赋值复制
        }
        int at(int i) const {
            if (i >= 0 && i < size) {
                return array[i];
            } else {
                return 0;
            }
        }
    // 以上代码实现深复制
        ~ arr() {
                cout<<" 调用了析构函数 "<<endl;
                delete[] array;
        }
};
int main() {
    arr a(5);// 将 5 作为参数传入
    arr b=a;// 将对象 a 赋值给对象 b，运行正常
return 0;
}
```

将类 array 的对象内容进行深复制，对象 b 调用析构函数，只释放对象 b 内容，对象 a 依然存在，不再报错，这就是所谓的深复制。深复制的具体实现是将指针所指向的内容在复制时开辟一个新的内存空间进行存放，这样在回收对象时就不会出现析构错误。

从上述内容可知，编译系统在没有自己定义复制构造函数时，会在复制对象时调用默认复制构造函数，进行的是浅复制，即将指针复制，这样会出现两个指针指向同一个内存空间的情况。所以，在对含有指针成员的对象进行深复制时，必须要自己定义复制构造函数，使复制后的对象指针成员有自己的内存空间，即进行深复制，这样就避免了内存泄露或者指针错误等情况的发生。

## 2.4 对象数组

对象数组是大批量实例化对象的一种方法，以往都是直接通过 Student stu 来新建对象，但是如果有几百个甚至上千个对象怎么办？例如，一个学校的管理系统里面有超过 20 000 个学生，不可能一个一个地新建对象，需要使用另外一种方法来实例化，这时候就需要用到对象数组，见例 2-12。

例 2-12：对象数组。

```
#include<iostream>
using namespace std;
class Student {
```

```
public:
    int a;
};
int main () {
    Student arr1[10];
    Student* arr2;
    arr2 = new Student[10];
            delete[]arr2;
}
```

# 2.5 this 指针

C++ 是由 C 语言发展而来的，C 语言没有类的概念，只有结构。一般来说，如果想用函数操作一个结构体，要传入一个结构体对象的首地址，通过该首地址来进行操作，见例 2-13。

例 2-13：this 指针（1）。

```
#include<iostream>
using namespace std;
struct Student {
    int a;// 默认为 public 类型
};
void func(Student * s) {
    s->a = 1;
}

int main() {
    Student s;
    func(&s);// 获取对象地址，作为参数传入函数
    cout<<s.a<<endl;
}
```

例 2-13 运行结果如图 2-6 所示。

在 C++ 中，成员函数需要用一个对象通过 "." 来调用，而这个对象会被编译器处理成 this 指针。this 指针就相当于当前对象中的首地址，在每次调用函数时都会作为第一个参数传入，编译器会自动在每一个成员变量前添加 this-> 来获取变量值。可以这样理解：在该类的作用域范围内，this 就代表当前对象，见例 2-14。

例 2-14：this 指针（2）。

```
#include<iostream>
using namespace std;
class Student {
public:
    int a;
    void func() {
        this->a = 1;
    }
};
```

```
int main() {
    Student a;
    a.func();
    cout<<a.a<<endl;
}
```

例 2-14 运行结果如图 2-7 所示。

图 2-6 例 2-13 运行结果

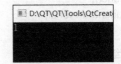

图 2-7 例 2-14 运行结果

# 2.6 静态成员

在 C++ 中，类的静态成员指不需要通过该类的某个具体对象就可以访问的成员，可以直接通过类名加函数名的方式调用，具体如下。

C++ 类中的静态成员包含两类。

- 静态数据成员，使用静态成员变量可实现多个对象共享数据的目标。
- 静态成员函数，只能访问静态成员。

静态数据成员在声明时，需在类型前加 static。

定义需要在类的内部进行，在外部初始化，示例如下。

```
class Student {
    static int a;
};
int Student::a = 1;// 注意需要加上类型。Student:: 表明是 Student 类
```

静态成员函数在声明时也需在类型前加 static。

```
class Student {
    static void func(); // 声明
};
void Student::func() {// 定义
    return;
}
```

注意：当数据成员和函数为静态成员时，可以通过"类名 :: 变量名"和"类名 :: 函数名"来访问，见例 2-15。

例 2-15：数据成员访问。

```
#include<iostream>
using namespace std;
class Student {
public:
    static void func();
```

```
        static int a;
    };
    void Student::func() {
        return;
    }
    int Student::a = 1;
    int main() {
        Student::func();
        cout<<Student::a<<endl;
    }
```

例 2-15 运行结果如图 2-8 所示。

图 2-8　例 2-15 运行结果

# 2.7 小结

本章重点介绍了类的定义、对象的创建、构造函数以及析构函数等。这一章介绍的是 C++ 类与对象的基础知识，希望读者能反复阅读并加以练习，加深对 C++ 类和对象体系的理解。本章介绍了类的一大特性：通过不同类型的成员实现封装。第 3 章和第 4 章将介绍 C++ 面向对象的其他两大特性：继承、多态。这些内容可为读者今后的 Qt 学习打下基础。

# 2.8 习题

1. 使用类的概念创建一个几何图形类，如矩形、三角形、长方体等，要求能计算其面积、周长、体积。

2. 定义一个复数类 Complex，有实部和虚部，可以与另一个复数类进行加、减操作。

3. 定义一个学生类 Student，属性有姓名、学号、成绩等，要求能输出学生的基本信息、总成绩、能修改成绩等。

4. 根据习题 3 所定义的 Student 类，设计学生的管理系统类 Control，要求能实现按照成绩进行排序、统计合格率等功能。

5. 定义一个图书类 Book，属性有书名、价格、数量等，要求能实现存书、取书等操作。

6. 根据习题 5 所定义的 Book 类，设计图书馆管理系统类 Library，要求能实现存书、取书、查询书籍数量、按照名字排序等功能。

7. 利用静态数据成员的概念编写一个类，要求能统计目前存在多少个该类的对象。

8. 建立一个分数类，数据成员包括分子和分母，要求函数成员能完成分数的常用操作，并用分数类进行简单运算。

第 **3** 章

# 继承与派生

第 2 章介绍了 C++ 中的类和对象，包括对象的建立、构造函数、this 指针等，让读者对面向对象的思想有了一定的了解。本章介绍继承与派生，让读者对 C++ 类和对象等概念有进一步的认识。

在以 C 语言为主开发的系统中，数据类型的重复定义和同一算法的重复实现是非常普遍的现象。在 C++ 的开发中，想快速根据现有的代码编写出适用于当前项目的代码，只需要通过 C++ 的继承机制。在 C++ 中，继承就是在一个已定义的类的基础上建立一个新的类。已存在的类称为基类，又称父类；新建立的类称为派生类（或衍生类），又称子类。

本章主要内容和学习目标如下。

- 类的继承。
- 派生类的访问权限。
- 派生类的构造函数与析构函数。
- 多继承和虚基类。

# 3.1 类的继承

继承是 C++ 面向对象的三大特性之一。在日常生活中也有很多类似继承的概念，以高校人员为例，如图 3-1 所示。

高校人员中的每一个人都具有一些基本属性，如姓名、性别、年龄等，而大学生不仅具有这些基本属性，还新增了一些属性，如学生编号、年级等。教师同理，不仅具有高校人员的基本属性，还有教师编号、薪水等属性。

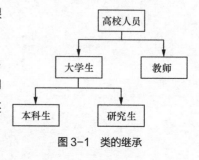

图 3-1　类的继承

在设计这些类时，下一级的成员不仅拥有上一级成员的共性，也有属于自己的特性。这个时候就可以考虑使用继承的技术。

## · 3.1.1 基类和派生类

介绍基类和派生类之前，先看一个例子。以学生为例，学生类 Student 可作为基类，研究生类 Undergraduate 则作为派生类，具体见例 3-1。

例 3-1：基类和派生类。

```cpp
#include<iostream>
using namespace std;
class Student {
public:
    int age;
    char* name;
    Student() {
      age = 18;
      name = "student";
    }
};
class Undergraduate : public Student {
public:
    int grade;
    Undergraduate():Student(){
      grade = 1;
    }
};
int main() {
    Undergraduate s;
    cout<<s.age<<endl;
}
```

例 3-1 运行结果如图 3-2 所示。

分析这段代码可知，学生类 Student 包含公有属性 age 和 name。用构造函数进行初始化，研究生类 Undergraduate 通过 public（公有方式）继承类 Student，即继承了类 Student 的成员属性和方法，所以可以输出类 Student 的成员变量 age 的值，虽然研究生类 Undergraduate 中没有定义成员变量 age。可以这样理解：通过继承 Student 这个类，Undergraduate 具有了 Student 的属性和方法。在例 3-1 中，Student 为基类，Undergraduate 为派生类，派生类 Undergraduate 继承基类 Student。

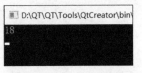

图 3-2 例 3-1 运行结果

代码中"class Undergraduate : public Student"表示类 Undergraduate 通过公有方式继承类 Student。另外还有 2 种继承方法，即私有 (private) 继承和保护 (protected) 继承，将在 3.2 节中进行详细介绍。

## · 3.1.2 派生类的定义

派生类就是继承了一个或多个类的子类，派生类继承语法简单，见例 3-2。

例 3-2：派生类。

```
#include <iostream>
using namespace std;
class Base{
    public:
        int a = 10;
        void print()
        {
            cout << "Base: a=" << a << endl;
        }
};
class Derive : public Base
{
    public:
    int a = 20;
    void print()
    {
        cout << "DERIVE: a=" << a << endl;
        cout << "DERIVE TO Base: a=" << Base::a << endl; // 使用域名限定
    }
};
int main()
{
    Base bc;
    Derive dc;
    bc.print();
    dc.print();
    cout << dc.Base::a << endl;// 使用域名限定访问同名基类成员
    system("PAUSE");// 保留命令行界面
}
```

例 3-2 运行结果如图 3-3 所示。

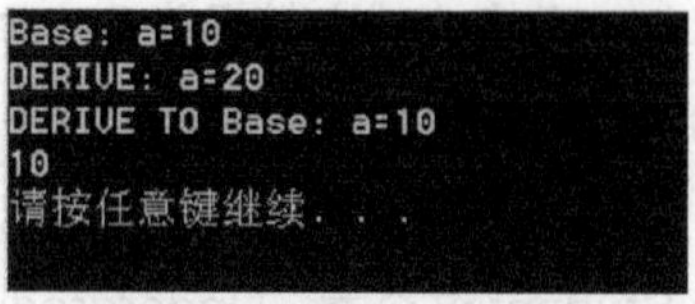

```
Base: a=10
DERIVE: a=20
DERIVE TO Base: a=10
10
请按任意键继续. . .
```

图 3-3　例 3-2 运行结果

程序中先定义基类 Base，再定义派生类 Derive 继承基类 Base，以下内容需要注意。

- 除了增加基类的列表外，派生类的定义与普通类的定义并无区别。
- 派生类的成员（属性和函数）为相对于基类的成员，派生类有自己新增的数据成员和成员函数。如果派生类存在与基类同名的成员时，派生类的成员会隐藏基类成员，但派生类中依然存在基类成员的副本；如果派生类对基类成员进行访问时，应使用域名限定，见例 3-2。
- 派生类列表指定了一个或多个基类，由访问说明符（3 种继承方式之一）和基类的名称构成。

继承可以为多继承，即派生类不仅可以继承一个类，而且可以继承多个类，语法如下。

```
class Derived : public Base1, public Base2 {
//...
}
```

## 3.1.3　派生类的构成

派生类的成员包括从基类继承的成员和增加的成员两大部分。从基类继承的成员体现了派生类从基类继承而获得的共性，而新加的成员体现了派生类的个性。正是这些新增加的成员体现了派生类与基类的不同，也体现了不同派生类的区别，如图 3-4 所示。

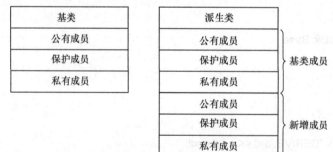

图 3-4　派生类的构成

派生类完全拥有基类的内存布局，并能保证其完整性，如图 3-5 所示。

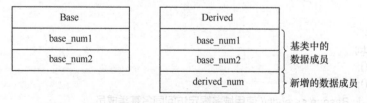

图 3-5　例 3-2 内存布局

并不是把基类的成员和派生类自己增加的成员简单地加在一起就成为派生类。一个派生类包括以下 3 种成员。

（1）从基类接收的成员。

派生类把基类全部的成员（不包括构造函数和析构函数）接收过来，也就是说没有选择，不能选择接收一部分成员，舍弃另一部分成员。

（2）经过调整的从基类接收的成员。

接收基类成员是程序人员不能选择的，但是程序人员可以对这些成员做某些调整。如可以改变基类成员在派生类中的访问属性，这是通过指定继承的方式来实现的；也可以通过继承的方式把基类的公有成员在派生类中的访问属性指定为私有（即在派生类外无法访问）。此外，可以在派生类中声明一个与基类成员同名的成员，则派生类中的新成员会覆盖基类的同名成员（隐藏基类成员，见 3.1.2 小节，包含如何访问）。但要注意，如果是成员函数，不仅应使函数名相同，而且函数参数的个数和类型也应相同，如果不相同，就会成为函数的重载（见 3.4 节）而不是覆盖，用这种方法可以实现新成员取代基类成员。

（3）在声明派生类时增加的成员。

增加新成员体现了派生类对基类的扩展。此外，在声明派生类时，一般还应当自己定义派生类的构造函数和析构函数，因为构造函数和析构函数不能从基类继承。由此可以看出，派生类是对基类的延续，即派生类是基类的具体实现。

从上述文字可得知，派生类具有以下特性。

- 派生类拥有基类的所有数据成员和成员函数（不包括构造函数和析构函数）。
- 派生类可以拥有基类没有的数据成员和成员函数。
- 可以通过访问说明符控制成员的访问权限。
- 可以通过在派生类中声明同名的成员函数，来实现修改基类成员功能的效果。
- 派生类成员和基类成员不同，派生类的构造函数和析构函数与基类也有所不同，但派生类包含了基类成员。派生类的构造函数和析构函数会自动调用基类的构造函数和析构函数（本书 6.1 节结合 Qt 进行了解释）。
- 派生类可看成一种特殊的基类，即可以将派生类对象当作基类对象使用。下面通过例 3-3 帮助读者加深对派生类的理解。

C++ 通过 new 和 delete 运算符分别实现动态分配和撤销内存。可以用 new 申请变量、类对象和数组空间，申请空间成功则返回该内存块的首地址，否则返回零值。后续必须用 delete 释放该空间，既不能忘记释放，也不能多次释放。前者会引起内存泄露，后者会引起运行错误。

例 3-3：派生类。

```
#include <iostream>
using namespace std;
class Base
{
public:
int base_num1;
void print(){
 cout << "Base" << endl;
    cout <<" base_num1 :" << base_num1 << endl;
    }
};
```

```
// 派生类，继承于基类 Base
class Derived : public Base{
public:
    int derived_num; // 派生类中新增加的数据成员
    void print() { // 同名函数，可以修改基类中同名的函数
        cout << "Derived" << endl;
        cout <<" base_num1 :" << base_num1<< " derived_num :" << derived_num << endl;
    }
};
int main(){
    Base *pb= new Base();
    pb->base_num1 = 10;
    Derived *pd= new  Derived();
    pd->base_num1 = 100;
    pd->derived_num = 1;
    cout << "-------- 更改前 ------------" << endl;
    pb->print();
    pd->print();
    cout << "-------- 基类指针指向派生类对象 ------------" << endl;
    pb=pd;
    pb->print(); //pb 为基类指针调用基类方法
    cout << "-------- 派生类指针不能直接指向基类对象 ------------" << endl;
    //pd=pb; // 基类指针不能直接赋值给派生类指针，需强制转换
    pd= (Derived *)(pb);// 对基类指针强制转换
    pd->print(); // 派生类指针调用派生类方法，慎用，可能出现不可预期的错误
    delete pb;
    delete pd;
    return 0;
}
```

例 3-3 运行结果如图 3-6 所示。

图 3-6　例 3-3 运行结果

pb 本来是基类 Base 的指针，现在指向了派生类 Derived 的对象，这使得隐式指针 this 发生了变化，也指向了派生类 Derived 的对象，所以最终在 print() 内部使用的是派生类 Derived 对象的成员变量。编译器虽然能通过指针的指向来访问成员变量，但是不能通过指针的指向来访问成员函数，编译器可以通过指针的类型来访问成员函数。对于 pb，它的类型是 Base，不管它指向哪个对象，使用的都是基类 Base 的成员函数，只不过该成员函数中使用的是派生类 Derived 对象的成员变量。

可以得出：编译器通过指针来访问成员变量，指针指向哪个对象就使用哪个对象的数据；编译器通过指针的类型来访问成员函数，指针属于哪个类的类型就使用哪个类的函数。

那么，能不能将基类对象赋值给派生类指针呢？答案是编译可通过，但要进行强制转换，并且要求慎用，最好不要用，见如下代码。

```
//pd=pb; // 错，不能直接将基类对象赋值给派生类指针，需强制转换
pd= (Derived *)(pb);
    pd->print(); // 慎用，可能出现不可预期的错误
```

在这 3 行代码中，通过强制转换基类指针，对派生类指针赋值了基类对象，程序运行起来好像正常。但实际上，由于基类成员一般不包含派生类所有的成员，因此可能发生编译错误而报错。

对派生类指针对象进行总结：派生类（对基类进行了继承，相对现代或高级）指针不可直接指向基类对象，但基类（父类，相对原始或低级）指针可指向派生类对象，也就是派生类指针对象"可高成，不可低就"（从进化学角度看，子类更高级）。

# 3.2 派生类的访问权限

派生类中的访问权限与普通类的访问权限大致相同。在使用不同的继承方式继承基类时，基类的数据成员在派生类的权限布局会发生改变，具体如图 3-7 所示。

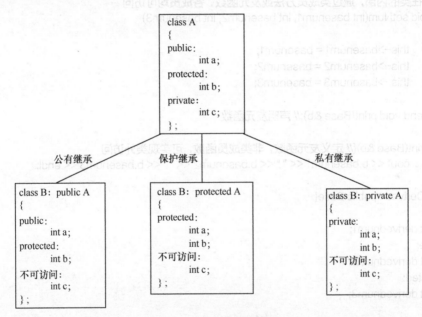

图 3-7 派生类的访问权限

在派生类外部（派生类用户）使用基类成员时，不同的继承方式决定了基类成员在派生类中的访问属性，从而对派生类用户的访问权限产生影响，如表 3-1 所示。

表 3-1 继承方式与访问级别变化

| 继承方式 | 访问级别变化 |
| --- | --- |
| public | 所有基类成员在派生类中保持原有的访问级别 |
| protected | public 成员变成 protected<br>protected 成员仍为 protected<br>private 成员仍为 private |
| private | 所有基类成员在派生类中均变为 private 成员 |

注意：类的私有成员只有该类内部可以访问（通过成员函数），继承后的派生类不能访问，即派生类继承基类时，将基类私有成员变量继承了过来，但对派生类而言不可见，也不可操作。

保护成员就访问行为而言，有私有和公有之分。如果不涉及继承，其行为与私有成员相似；如果涉及继承，则保护成员的行为与公有成员相似，派生类可以访问。具体见例3-4。

例3-4：保护成员的访问。

```cpp
#include<iostream>
using namespace std;
class Base
{
public:
    int basenum1;
private:
    int basenum2;
protected:
    int basenum3;
public:
    // 在类的内部，通过类成员方法或友元函数，各成员均可访问
    void setNum(int basenum1, int basenum2, int basenum3)
    {
        this->basenum1 = basenum1;
        this->basenum2 = basenum2;
        this->basenum3 = basenum3;
    }
    friend void print(Base &b);// 声明友元函数
};
void print(Base &b){// 定义友元函数，非类成员函数，可实现类外访问
        cout << b.basenum1 << " " << b.basenum2 << " " << b.basenum3 << endl;
    }
class Derived : public Base{
public:
    int derivednum1;
private:
    int derivednum2;
protected:
    int derivednum3;
public:
    // 在派生类内部只能访问基类的 public 成员和 protected 成员，不能访问基类的 private 成员
    // 不看派生类的继承方式
    void setNum(int derivednum1, int derivednum2, int derivednum3)
    {
        this->derivednum1 = derivednum1;
        this->derivednum2 = derivednum2;
        this->derivednum3 = derivednum3;
    }
    void print()
    {
        this->basenum1 = 10;
        //this->basenum2 = 17;// 基类的私有成员，在派生类中不可访问
        this->basenum3 = 15;
```

```
            cout << this->derivednum1 << " " << this->derivednum2 << " " << this->derivednum3 << endl;
        }
    };
    class Derived1 : private Base{
    public:
        void print()
        {
            //basenum2 = 10; // 基类的私有成员，在派生类中不可访问
            cout << basenum1 << " " << basenum3 << endl; // 基类的公有成员和保护成员，在派生类中
// 可访问
        }
    };
    class Derived2 : protected Base
    {
    public:
        void print()
        {
            //basenum2 = 10; // 基类的私有成员，在派生类中不可访问
            cout << basenum1 << " " << basenum3 << endl; // 基类的公有成员和保护成员，在派生类中
// 可访问
        }
    };
    int main()
    {
        Base b;
        b.basenum1 = 10;
        //b.basenum2 = 10; // 在类的外部不可访问，private
        //b.basenum3 = 15; // 在类的外部不可访问，protected
        b.setNum(14, 16, 17);
        print(b);
        // 在派生类的外部访问基类中的成员时，会根据继承方式影响基类成员的访问级别
        //1.public 继承
        Derived d;
        d.basenum1 = 10; //public - public，在类的外部可被访问
        //d.basenum2 = 15; //private -- private，在类的外部不可被访问
        //d.basenum3 = 10; //protected -- protected，在类的外部不可被访问
        d.setNum(2, 2, 2);
        d.print();
        //2.private 继承
        Derived1 d1;
        //d1.basenum1 = 15; //public -- private，在类的外部不可被访问
        //d1.basenum2 = 10; //private -- private，在类的外部不可被访问
        //d1.basenum3 = 20; //protected -- private，在类的外部不可被访问
        d1.print();
        //3.protected 继承
        Derived2 d2;
        //d2.basenum1 = 10; //public -- protected，在类的外部不可被访问
        //d2.basenum2 = 16; //private -- private，在类的外部不可被访问
        //d2.basenum3 = 9; //protected -- protected，在类的外部不可被访问
        d2.print();
        return 0;
    }
```

例 3-4 运行结果如图 3-8 所示，其中最后两行的输出结果"0 0 16 0"为随机赋值。

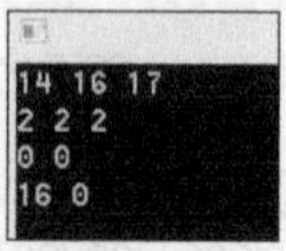

代码中的友元函数定义在类的外面，却可以访问类的私有成员，因此破坏了类的隐藏性和封装性，书中不再进行更多介绍。

图 3-8　例 3-4 运行结果

从运行结果可以看出，只有类的公有成员在类外可通过类对象和类指针对象进行访问。而发生继承关系后，只有公有成员发生公有继承关系，可继续访问，其他性质的成员和继承关系均不可以在类中进行访问。

# 3.3　派生类的构造函数与析构函数

派生类继承基类后，当创建派生类对象时，也会调用基类的构造函数。但问题是，基类与派生类的构造和析构顺序谁先谁后？逻辑上来说，应该是先初始化基类，再初始化派生类，下面通过例 3-5 进行说明。

例 3-5：派生类的构造函数与析构函数。

```cpp
#include<iostream>
using namespace std;
class Base
{
public:
    Base(){
        cout << "Base 构造函数 !" << endl;
    }
    ~ Base(){
        cout << "Base 析构函数 !" << endl;
    }
};
class Son : public Base
{
public:
    Son()
    {
        cout << "Son 构造函数 !" << endl;
    }
    ~ Son()
    {
        cout << "Son 析构函数 !" << endl;
    }
};
void test01(){
    // 继承中先调用基类构造函数，再调用派生类构造函数；析构函数顺序与构造函数相反
    Son s;// 隐式调用基类带参数的构造函数，即不需要语句明确基类构造函数
}
int main() {
    test01();
    return 0;
}
```

例 3-5 运行结果如图 3-9 所示。

这个例子验证了派生类先调用基类构造函数，再调用派生类构造函数，析构函数顺序则反之。在

这个例子中，派生类并没有显式调用基类的构造函数，而是自动调用基类的无参构造函数。如果基类只有带参数的构造函数，则会报错。不一定要显式的无参构造函数，派生类也可以显式调用基类带参数的构造函数，见例 3-6。

图 3-9　例 3-5 运行结果

例 3-6：带参数的派生类构造函数。

```
#include<iostream>
using namespace std;
class Base{
public:
    Base(int c){cout<<"基类带参构造函数 " << c << endl;}
    ~ Base(){cout<<"基类析构 " << endl;}
};
class Derived:public Base{
public:
    Derived(int c):Base(c) // 显式调用基类构造函数
    {
        cout<<"派生类带参构造函数 " << c << endl;
    }
    ~ Derived(){cout<<"派生类析构 " << endl;}
};
int main()
{
    int i = 1;
    Derived d1(i);
    return 0;
}
```

例 3-6 运行结果如图 3-10 所示。

图 3-10　例 3-6 运行结果

# 3.4 多继承和虚基类

　　多继承是指从多个直接基类中产生派生类的能力，多继承的派生类继承了所有基类的成员。尽管概念非常简单，但是多个基类的相互交织可能会带来错综复杂的设计问题，命名冲突就是其中不可回避的一个。而 C++ 中一个类可以拥有多个基类，同时享有多个基类的基本属性。由于这一个特点，C++ 中多继承的内存布局十分复杂，为此，C++ 引入虚基类。

· 3.4.1　多继承

　　C++ 中允许一个类继承多个基类，即一个对象可以拥有多个基类的属性。其语法如下。

```
class derived : public base1, public base2{
    // 实现语句
}
```

多继承可能会引发基类中有同名成员的出现，使用时需要加作用域进行区分，见例 3-7。注意：C++ 在实际开发中不建议用多继承。

例 3-7：多继承。

```cpp
#include<iostream>
using namespace std;
class Base1 {
    public:
    Base1()
    {
        m_A = 100;
    }
    public:
    int m_A;
};
class Base2 {
    public:
    Base2()
    {
        m_A = 200; // 开始时 m_B 不会出问题，但是改为 m_A 就会出现不明确的情况
    }
    public:
    int m_A;
};
// 语法: class 派生类: 继承方式 基类 1，继承方式 基类 2
class Derived: public Base2, public Base1
{
    public:
    Derived()
    {
        m_C = 300;
        m_D = 400;
    }
    public:
    int m_C;
    int m_D;
};
// 多继承容易产生成员同名的情况
// 通过使用类名作用域可以区分调用的是哪一个基类的成员
void test01()
{
    Derived  s;
    cout << "sizeof Derived= " << sizeof(s) << endl;
    cout << s.Base1::m_A << endl;
    cout << s.Base2::m_A << endl;
}
int main() {
    test01();
    return 0;
}
```

例 3-7 运行结果如图 3-11 所示。

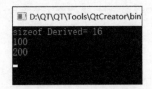

图 3-11 例 3-7 运行结果

在多继承的情况下，派生类的构造函数如下。

```
< 派生类名 >(< 总参数表 >):< 基类名 1>(< 参数表 1>),< 基类名 2>(< 参数表 2>),...
< 子对象名 >(< 参数表 n+1>),...
{
< 派生类构造函数体 >
}
```

其中，< 总参数表 > 中的各个参数包含了其后的各个分参数表。

多继承下派生类的构造函数与单继承下派生类的构造函数相似，它必须同时负责该派生类所有基类构造函数的调用。同时，派生类的参数个数必须包含完成所有基类初始化所需的参数个数。

派生类构造函数的执行顺序是先执行所属基类的构造函数，再执行派生类本身的构造函数。处于同一层次的各基类构造函数的执行顺序，取决于定义派生类时所指定的各基类顺序，与派生类构造函数中所定义的成员初始化列表的各项顺序无关。也就是说，执行基类构造函数的顺序取决于定义派生类时基类的顺序。可见，派生类构造函数的成员初始化列表中的各项内容可以任意地排列。

例 3-8：多继承派生类构造函数。

```cpp
#include <iostream>
using namespace std;
class Base1
{
private:
    int n;
public:
    Base1(int m):n(m){ cout<<"Base1 构造函数 "<<"n="<<n<<endl;}
};
class Base2
{
private:
    int n;
public:
    Base2(int m):n(m){ cout<<"Base2 构造函数 "<<"n="<<n<<endl;}
};
class Derive:public Base1,public Base2
{
private:
    Base1 b1;
    Base2 b2;
public:
    Derive(int m,int n):Base1(m),Base2(m),b2(n),b1(n) // 形式参数列表
    {
        cout<<"Derive 构造函数 "<<endl;
    }
```

```
};

int main()
{
    Derive d(1,2);
    return 0;
}
```

例 3-8 运行结果如图 3-12 所示，这个例子中，派生类构造函数的调用顺序是首先调用基类构造函数，然后调用派生类的成员构造函数，最后调用派生类自身构造函数，而初始化成员列表顺序，并不影响构造顺序。

图 3-12　例 3-8 运行结果结果

### · 3.4.2　虚基类

在继承中产生歧义的原因有可能是派生类多次继承了基类，从而产生了多个副本，即不止一次，派生类通过多个路径在内存中创建了基类成员的多份副本。虚基类的基本原则是在内存中只有基类成员的一份副本。这样，通过把基类继承声明为虚拟的，就只能继承基类的一份副本，从而消除歧义。用关键字 virtual 把基类继承声明为虚拟的，类的关系模型可如图 3-13 所示。

实际上，在内存中会有两个 Base 副本，如图 3-14 所示。

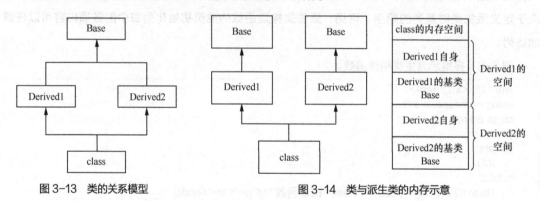

图 3-13　类的关系模型　　　　　　　　图 3-14　类与派生类的内存示意

但实际上只想要一份 Base 的空间，如图 3-15 所示。

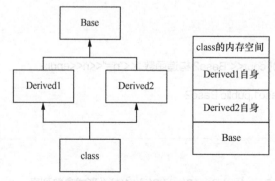

图 3-15　虚基类原理示意

这时候就可以用到虚继承，在继承类的前方添加 virtual 关键字，见例 3-9。

例 3-9：虚继承。

```
// 间接基类 A，A 被 B1 和 B2 继承，B1 和 B2 被 D 继承，A 是 D 的间接基类，B1 和 B2 是直接基类
#include <iostream>
using namespace std;
class A// 声明为基类 A
{
    int nv;// 默认为私有成员
    public:// 外部接口
    A(int n){ nv = n; cout << "Member of A" << endl; }//A 类的构造函数
    void fun(){ cout << "fun of A" << endl; }
};
class B1 :virtual public A
{
    int nv1;
    public:
    B1(int a) :A(a){ cout << "Member of B1" << endl; }
};
class B2 :virtual public A
{
    int nv2;
    public:
    B2(int a) :A(a){ cout << "Member of B2" << endl; }
};
class D1 :public B1, public B2
{
    int nvd;
    public:
    D1(int a) :A(a), B1(a), B2(a){ cout << "Member of D1" << endl; }
    void fund(){ cout << "fun of D1" << endl; }
};
int main(void)
{
    D1 d1(1);
    d1.fund();
    d1.fun();
    return 0;
}
```

例 3-9 运行结果如图 3-16 所示。

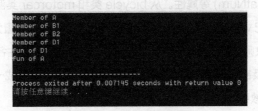

图 3-16　例 3-9 运行结果

在实际开发中，位于中间层次的基类将其继承声明为虚继承一般不会带来什么问题。通常情况下，使用虚继承的类层次是由一个人或者一个项目组一次性设计完成的。对于一个独立开发的类来说，它很少需要基类中的某一个类是虚基类，况且新类的开发者也无法改变已经存在的类体系。

C++ 标准库中的 iostream 类就是一个虚继承的实际应用案例。iostream 从 istream 和 ostream

直接继承而来，而 istream 和 ostream 又都继承自一个名为 base_ios 的类，是典型的菱形继承。此时 istream 和 ostream 必须采用虚继承，否则将导致在 iostream 类中保留两份 base_ios 类的成员。

以上内容说明使用多继承经常会出现"二义性问题"，必须十分小心。上面的例子很简单，如果继承的层次再多一些，关系更复杂一些，程序员就很容易陷入"迷魂阵"，程序的编写、调试以及维护工作都会变得更加困难，因此不提倡在程序中使用多继承。只有在比较简单和不易出现二义性的情况或实在必要时才使用多继承，能用单一继承解决的问题就不要使用多继承。也正是由于这个原因，C++ 之后的很多面向对象的编程语言，如 Java、C#、PHP 等，都不支持多继承。

## 3.5 小结

本章重点介绍了 C++ 的继承体系。与 Java 等语言不同的是，C++ 支持多继承，这导致了 C++ 继承体系的复杂且灵活，希望读者能反复练习，加深对继承的理解，为今后的 Qt 学习打下基础。

## 3.6 习题

1. 派生类的继承方式有哪几种？派生类能访问基类的私有成员吗？保护成员呢？

2. 继承的内存布局是怎么样的？多继承呢？虚基类呢？

3. 了解 C++ 中流对象 (stream) 的继承体系。

4. 声明一个基类 Animal，有私有整型成员变量 age，构造其派生类 dog，在其成员函数 SetAge ( int n ) 中直接给 age 赋值，看看有什么问题，把 age 改为公有成员变量，还会有问题吗？

5. 声明一个基类 BaseClass，有整型成员变量 Number，构造其派生类 DerivedClass，观察构造函数和析构函数的运行情况。

6. 声明一个车 (vehicle) 基类，具有 MaxSpeed、Weight 等成员变量，Run()、Stop() 等成员函数，由此派生出自行车 (bicycle) 类、汽车 (motorcar) 类。bicycle 类有高度 (Height) 等属性，motorcar 类有座位数 (SeatNum) 等属性。从 bicycle 类和 motorcar 类派生出摩托车 (motocycle) 类。在继承过程中，注意把 vehicle 设置为虚基类。如果不把 vehicle 设置为虚基类，会有什么问题？

7. 编写一个学生与教师数据输入和显示程序，学生数据有编号、姓名、班级以及成绩，教师数据有编号、姓名、职称以及部门。要求将编号、姓名的输入和显示设计成一个类 Person，并作为学生数据操作类 Student 和教师数据操作类 Teacher 的基类。

8. 某计算机硬件系统为了实现特定的功能，在某个子模块设计了 A、B、C3 款芯片用于数字计算。各个芯片的计算功能如下。A 芯片：计算两位整数的加法 ($m+n$)、计算两位整数的减法 ($m-n$)；B 芯片：计算两位整数的加法 ($m+n$)、计算两位整数的乘法 ($m*n$)；C 芯片：计算两位整数的加法 ($m+n$)、计算两位整数的除法 ($m/n$)。为 A、B、C3 个芯片分别定义类，描述上述芯片的功能，并在 main() 函数中测试这 3 个类。( 提示：利用类的继承和派生，抽象出共有属性和操作作为基类。)

# 第 4 章

# 虚函数与多态

第 3 章介绍了 C++ 中类和对象的继承体系，继承允许根据一个或多个类来定义一个新的类，可减少代码量，这使得创建和维护一个应用程序变得更容易。本章将介绍 C++ 继承的重要应用——多态。多态是 C++ 在日常开发中的一个很重要的概念，按字面的意思来理解就是"多种形态"。当类之间存在层次结构，并且类之间是通过继承关联时，就会用到多态。C++ 多态意味着调用成员函数时，会根据调用成员函数的对象的类型来执行不同的函数，即同一个对象可能会产生不同的行为。

本章主要内容和学习目标如下。

- 多态的概念。
- 虚函数。
- 虚析构函数。
- 多态应用场景。
- 纯虚函数和抽象类。

# 4.1 多态的概念

什么是多态？顾名思义，多态就是同一个事物在不同场景下的多种形态。具体到 C++ 而言，多态意味着调用成员函数时，会根据调用成员函数的对象的类型来执行不同的函数。简而言之，就是用基类的指针指向其派生类的实例，然后通过基类的指针调用派生类的成员函数。这种技术可以让基类的指针有"多种形态"，这是一种"泛型技术"。所谓泛型技术，就是试图使用不变的代码来实现可变的算法。

多态是 C++ 面向对象的三大特性之一。多态带来了动态改变程序的功能，可分为两类：静态多态通过复用函数名实现，如函数重载和运算符重载；动态多态则通过派生类和虚函数在运行时实现。

静态多态和动态多态的区别如下。

- 静态多态的函数地址早绑定：编译阶段确定函数地址。
- 动态多态的函数地址晚绑定：运行阶段确定函数地址。

这些概念相对抽象和难理解，下面通过例 4-1 来说明。

例 4-1：多态。

```cpp
#include<iostream>
using namespace std;
class person {
public:
    virtual void speak(){
        cout<<"I'm a person"<<endl;
    }
};
class student : public person {
    public:
    void speak() {
        cout<<"I'm a student"<<endl;
    }
};
class teacher : public person {
    public:
    void speak() {
        cout<<"I'm a teacher"<<endl;
    }
};
int main() {
    person* p;
    student s;
    teacher t;
    p = &s;
    p->speak();
    p = &t;
    p->speak();
    return 0;
}
```

例 4-1 运行结果如图 4-1 所示。

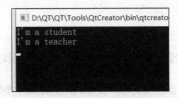

图 4-1　例 4-1 运行结果

结果分析：在 person 类的 speak() 函数前添加 virtual 关键字，使之变成虚函数，并在派生类中重写该 speak() 函数。当使用 person 类指针对象去指向它的派生类对象时，调用了派生类的 speak() 函数。那么，什么是虚函数呢？和虚基类又有何区别？请看 4.2 节关于虚函数的定义。

# 4.2　虚函数

虚函数（virtual function）与虚基类不同的是，虚基类是使基类的基类唯一化，而虚函数则是能调用派生类的函数，自身的函数实现被隐藏。虚函数是 C++ 实现多态的核心。

## · 4.2.1　virtual 关键字

在面向对象的 C++ 中，虚函数是一个非常重要的概念。虚函数通常是指一个类中要重载的成员函数。当一个基类指针或引用指向一个继承类对象的时候，调用一个虚函数，实际调用的是派生类的版本。virtual 只能加在一个成员函数的返回类型前面，表明该函数为虚函数。下面通过例 4-2 进行介绍。

例 4-2：虚函数。

```
#include<iostream>
using namespace std;
class person {// 定义基类 person
    public:
    virtual void speak(){// 函数前面加 virtual，表明该函数为虚函数
        cout<<"I'm a person"<<endl;
    }
};
class student : public person {// 定义派生类 student
    public:
    void speak() {
        cout<<"I'm a student"<<endl;
    }
};
class teacher : public person {// 定义派生类 teacher
    public:
    void speak() {
        cout<<"I'm a teacher"<<endl;
    }
};
```

```
int main() {
    person* p;
    student s;
    teacher t;
    p = &s;// 基类指针指向一个派生类对象，实际调用的是派生类的版本
    p->speak();
    p = &t;// 基类指针指向一个派生类对象，实际调用的是派生类的版本
    p->speak();
    return 0;
}
```

例 4-2 运行结果如图 4-2 所示。

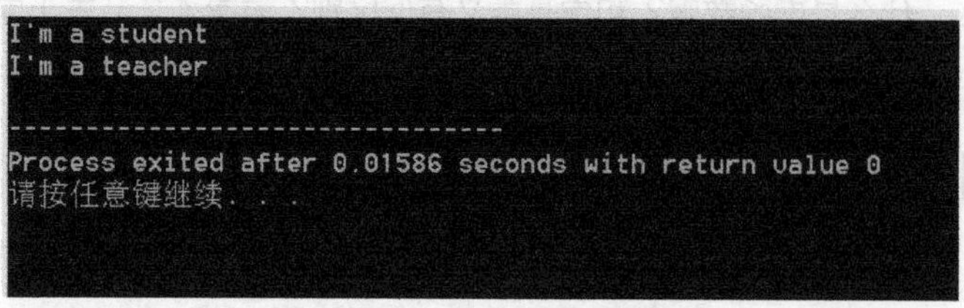

图 4-2　例 4-2 运行结果

从运行结果来看，用基类的指针指向一个派生类时，如果调用了虚函数，则会调用派生类对应的虚函数而不是基类本身所拥有的虚函数。

· 4.2.2　虚函数调用原理

虚函数的使用将导致类对象占用更大的内存空间。编译器给每一个对象（包括虚函数）添加了一个隐藏成员：指向虚函数表（virtual function table）的指针。虚函数表包含了虚函数的地址，由所有虚函数对象共享。当派生类重新定义虚函数时，则将该函数的地址添加到虚函数表中。当一个基类指针指向一个派生类对象时，虚函数表指针指向派生类对象的虚函数表；当调用虚函数时，由于派生类对象重写了派生类对应的虚函数表项，基类在调用时会调用派生类的虚函数，从而产生多态（晚绑定）。

无论类的对象中定义了多少个虚函数，虚函数指针只有一个。相应地，每个对象在内存中的大小要比没有虚函数时大 8B（64 位主机，不包括虚析构函数；32 位为 4B），具体如下：

```
cout<<sizeof(person)<<endl; //64 位主机为 8B
cout<<sizeof(student)<<endl; //64 位主机为 8B
```

在例 4-2 中，基类 person 类中有一个虚函数指针，共计占 8B。派生类继承了基类的虚函数表指针，因此大小与基类一致。如果多重继承的另外一个类也包括了虚函数的基类，那么隐藏成员就包括了两个虚函数表指针。为更清楚地说明这一点，下面以例 4-3 进行说明。

例 4-3：虚函数。

```
#include<iostream>
using namespace std;
class ClassA
{
    public:
    ClassA() { cout << "ClassA::ClassA()" << endl; }
```

```
        virtual ~ ClassA() { cout << "ClassA:: ~ ClassA()" << endl; }
        void func1() { cout << "ClassA::func1()" << endl; }
        void func2() { cout << "ClassA::func2()" << endl; }
        virtual void vfunc1() { cout << "ClassA::vfunc1()" << endl; }
        virtual void vfunc2() { cout << "ClassA::vfunc2()" << endl; }
        private:
        int aData;
};
    class ClassB : public ClassA
    {
        public:
        ClassB() { cout << "ClassB::ClassB()" << endl; }
        virtual ~ ClassB() { cout << "ClassB:: ~ ClassB()" << endl; }
        void func1() { cout << "ClassB::func1()" << endl; }
        virtual void vfunc1() { cout << "ClassB::vfunc1()" << endl; }
        private:
        int bData;
    };
    int main() {
        ClassA *a =new ClassB();
        a->func1();    // "ClassA::func1()" 隐藏了 ClassB 的 func1() 函数
        a->func2();    // "ClassA::func2()"
        a->vfunc1();   // "ClassB::vfunc1()" 重写了 ClassA 的 vfunc1() 函数
        a->vfunc2();   // "ClassA::vfunc2()"
        return 0;
    }
```

例 4-3 运行结果如图 4-3 所示。

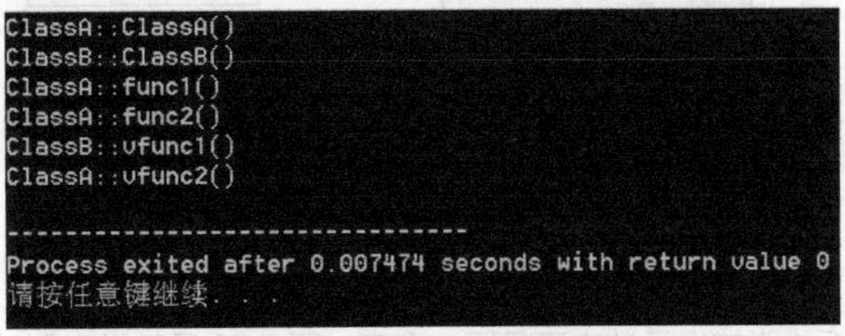

```
ClassA::ClassA()
ClassB::ClassB()
ClassA::func1()
ClassA::func2()
ClassB::vfunc1()
ClassA::vfunc2()
--------------------------------
Process exited after 0.007474 seconds with return value 0
请按任意键继续. . .
```

图 4-3  例 4-3 运行结果

下面对运行结果进行详细解释。首先，使用 ClassA 指针通过关键字 new 创建一个 ClassB 对象，调用派生类构造函数会先调用基类的构造函数，然后调用派生类的构造函数，输出以下结果。

```
ClassA::ClassA()
ClassB::ClassB()
```

由于 ClassB 继承了 ClassA，ClassB 拥有 ClassA 的属性与方法。指针对象 a 调用 func1() 函数、func2() 函数时会调用 ClassA 的 func1() 函数、func2() 函数，输出以下结果。

```
ClassA::func1()
ClassA::func2()
```

对于代码行 a->vfunc1();，由于 ClassB 重写了 vfunc1() 函数，在 ClassB 中的虚函数表指针中，指向 vfunc1() 函数的指针被修改为指向 ClassB::vfunc1()；由于虚函数表指针为类对象的第一个字段，即基类指针指向派生类对象时，仍然会获取到派生类的虚函数表指针 a 调用 vfunc1() 函数，程序先通过这个虚函数表指针获取 vfunc1() 函数入口，即获取了 ClassB 的 vfunc1() 函数入口。而对于代码行 a->vfunc2()，由于 ClassB 没有重写 vfunc2() 函数，虚函数表里的 vfunc2() 函数仍然是 ClassA 的 vfunc2() 函数，结果如下。

```
ClassB::vfunc1()
ClassA::vfunc2()
```

下面通过图 4-4 做进一步解释，ClassA 类型的指针对象 a 能操作的范围只能在黑框中，之所以实现了多态，完全是因为派生类的虚函数表指针与虚函数表的内容和基类不同。

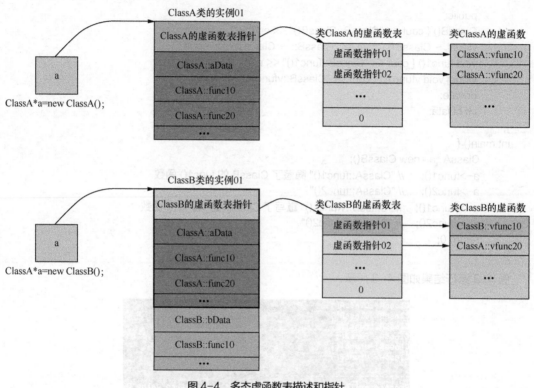

图 4-4　多态虚函数表描述和指针

基类的虚函数表和派生类的虚函数表不是同一个表。图 4-4 是基类实例与多态情形下的数据逻辑结构。注意，虚函数表是在编译时确定的，属于类而不属于某个具体的实例，而虚函数在代码段中仅有一份。通过例 4-2 和例 4-3，读者可以对虚函数有一定的了解。

### · 4.2.3　多态条件和应用

多态并不是在任何地方都能使用，需要满足继承关系。而且派生类重写基类中的虚函数时，函数返回值类型、函数名、参数列表需要完全一致。具体使用多态时需要基类指针对象或引用变量（见 2.2.2）指向派生类对象，下面通过例 4-4 进行说明。

例 4-4：多态。

```
#include <iostream>
using namespace std;
class Base{
```

```
    public:
        void a(){ cout<<"Base::a()"<<endl; }// 函数 a()
        virtual void b(){ cout<<"Base::b()"<<endl; }// 虚函数 a()
        virtual void c(){ cout<<"Base::c()"<<endl; }// 虚函数 b()
};
class Derived: public Base{
    public:
        // 覆盖基类普通成员函数，不构成多态
        void a(){ cout<<"Derived::a()"<<endl; }
        // 覆盖基类虚函数，构成多态
        virtual void b(){ cout<<"Derived::b()"<<endl; }
        // 重载基类虚函数，不构成多态
        virtual void c(int n){ cout<<"Derived::c()"<<endl; }
        // 派生类新增函数 d()
        int d(){ cout<<"Derived::d()"<<endl; }
};
int main(){
    Base *p = new Derived;
    p -> a();//
    p -> b();
    //p -> c(0); // 通过基类指针对象调用派生类虚函数，编译错误
    //p -> d(); // 通过基类指针对象调用派生类函数，编译错误
    return 0;
}
```

例 4-4 运行结果如图 4-5 所示。

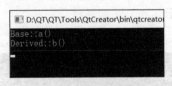

图 4-5 例 4-4 运行结果

# 4.3 虚析构函数

根据多态的性质，一个基类指针可以通过关键字 new 产生一个派生类对象。但这样会产生一个问题：当通过 delete 关键字删除这个指针时，仅会调用基类的析构函数，而派生类的空间没有被释放，会造成内存泄露。为了避免内存泄露，而且是当派生类中有指针成员变量时才会使用到虚析构函数。虚析构函数使在删除指向派生类对象的基类指针时，可以通过调用派生类的析构函数来实现释放派生类所占内存的目的，从而防止内存泄露。在 C++ 开发中，基类中的析构函数一般都是虚函数，见例 4-5。

例 4-5：虚析构函数。

```
#include <iostream>
using namespace std;
    class Base{
```

```
        public:
            Base(){};
            virtual ~ Base(){ // 基类的析构函数
                cout << "delete Base\n";
            };
            virtual void DoSomething(){
                cout << "Do Something in class Base!\n";
            };
    };
    // 派生类
    class Derived: public Base{
        public:
            Derived(){};
            ~ Derived(){
                cout << "delete Derived\n";
            };
            void DoSomething(){
                cout << "Do Something in Derived\n";
            };
    };
    int main(){
        Base *b = new Derived;
        b->DoSomething();
        delete b;// 析构指向派生类的基类指针时，先后对派生类和基类进行析构
        return 0;
    }
```

例 4-5 运行结果如图 4-6 所示。

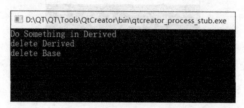

图 4-6　例 4-5 运行结果

对基类虚析构进行总结：如果基类的析构函数不加 virtual 关键字，那么就是普通析构函数。当基类中的析构函数没有声明为虚析构函数时，派生类开始从基类继承，基类的指针指向派生类的对象。删除基类的指针时，只会调用基类的析构函数，但不会调用派生类的析构函数，可能会发生内存泄露。

如果基类的析构函数加 virtual 关键字，那么就是虚析构函数。当基类中的析构函数声明为虚析构函数时，派生类开始从基类继承，基类的指针指向派生类的对象。析构指向派生类的基类指针时，先调用派生类的析构函数，再调用基类中的析构函数。

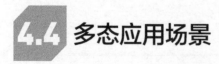

## 多态应用场景

多态在实际开发中占有非常重要的地位，可实现代码复用，下面通过例 4-6 进行说明。

例 4-6：多态应用。

```cpp
#include<iostream>
using namespace std;
class Shape {
    protected:
        int width, height;
    public:
        Shape( int a=0, int b=0)
        {
            width = a;
            height = b;
        }
        virtual int getarea()// 此处添加 virtual 构造虚函数
        {
            cout << "Parent class area" <<endl;
            return 0;
        }
};
class Rectangle: public Shape{
    public:
        Rectangle( int a=0, int b=0):Shape(a, b) { }
        int getarea()
        {
            return width*height;
        }
};
class Triangle: public Shape{
    public:
        Triangle( int a=0, int b=0):Shape(a, b) { }
        int getarea()
        {
            return width*height/2;
        }
};
int main( )// 程序的主函数
{
    Shape *shape;
    Rectangle rec(10,7);
    Triangle tri(10,5);
    shape = &rec; // 存储矩形的地址
    cout <<"Triangle class area :"<<shape->getarea()<<endl;// 调用矩形的求面积函数
    shape = &tri;// 存储三角形的地址
    cout <<"Triangle class area :"<<shape->getarea()<<endl;// 调用三角形的求面积函数
    return 0;
}
```

例 4-6 运行结果如图 4-7 所示。

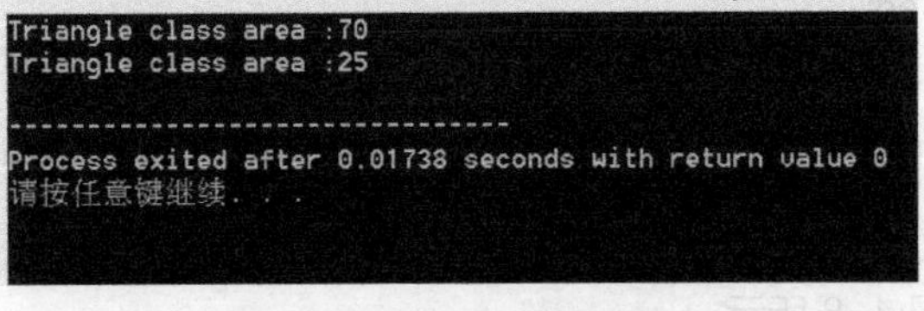

```
Triangle class area :70
Triangle class area :25

--------------------------------
Process exited after 0.01738 seconds with return value 0
请按任意键继续. . .
```

图 4-7 例 4-6 运行结果

在面向对象的程序设计中，使用多态能够增强程序的可扩充性，即程序需要修改或增加功能时，只需改动或增加较少的代码，因此使用多态也能起到精简代码的作用。不足之处是，多态降低了程序的运行效率（多态需要去找虚表的地址），造成了空间浪费。

## 4.5 纯虚函数和抽象类

在多态中，通常基类中虚函数的实现是毫无意义的，主要都是调用派生类重写的内容。因此可以将虚函数改为纯虚函数，即基类的虚函数只声明，而不需要具体实现。纯虚函数语法如下：

virtual 返回值类型 函数名（参数列表）= 0；

当类中有了纯虚函数，这种类也称为抽象类。而由于抽象类中没有实现的函数，所以抽象类不可以实例化，其派生类必须重写抽象类中的纯虚函数，否则派生类也属于抽象类。抽象类只是为了给其他类提供一个可以继承的适当的基类，因此抽象类不能被用于实例化对象。抽象类表示已部分地实现了功能，如把某些已经确定的功能实现了，但有些抽象的功能则未实现，因为不能确定派生类用什么方式实现。我们可以把可能性和机会留给派生类去具体实现，如定义了动物类，动物都有行走或移动的动作，但具体到每个动物会有所不同，这时可在动物类中定义 move() 虚函数。

在虚函数的原型声明后加上"=0"，表示纯虚函数根本就没有函数体。下面通过例 4-7 进行说明。

例 4-7：纯虚函数。

```
#include <iostream>
using namespace std;
class Base
{
public:
    // 纯虚函数，类中只要有一个纯虚函数就称为抽象类，抽象类无法实例化对象
    // 派生类必须重写基类中的纯虚函数，否则也属于抽象类
    virtual void func() = 0;// "=0" 表示没有任何实现
};
class Derived:public Base{
    public:
     virtual void func()
    {
        cout << "func" << endl;
    };
};
int main() {
    Base * base = NULL;
    //base = new Base; // 错误，抽象类无法实例化对象
    base = new Derived;
    base->func();
    delete base;
    return 0;
}
```

例 4-7 运行结果如图 4-8 所示。

图 4-8 例 4-7 运行结果

　　纯虚函数的作用是在基类中为其派生类保留一个函数的名称，以便派生类根据需要对它进行定义。如果在一个类中声明了纯虚函数，而在其派生类中没有对该函数定义，则该虚函数在派生类中仍然为纯虚函数。纯虚函数一般会作为接口使用，它可以约束代码结构，使之符合规范，有利于实际开发庞大的项目。

 小结

　　本章主要介绍了 C++ 多态的概念，这也是 C++ 的三大概念之一。根据多态的性质，能够很方便地构建出一个庞大的体系，而纯虚函数更是程序员对代码的一种自定义的规范。希望读者能反复阅读这部分内容，为今后的 Qt 学习打下基础。

## 4.7 习题

　　1. 设计一个类 two，有两个 int 型成员变量和一个虚函数 sum()，用于计算总和；设计一个类 three 继承类 two，新增一个成员变量，重写 sum() 函数。

　　2. 定义一个类 Base，有一个虚函数 display() 输出当前的类名，定义两个派生类 DerivedA 和 DerivedB，在 main() 函数中使用 Base* 分别指向它们，观察结果。

　　3. 设计几何图形类，抽象出其基本属性，求面积、体积等，再定义三角形、矩形、长方体等类来继承它。在 main() 函数中使用基类指针指向派生类，观察结果。

　　4. 在 main() 函数中，随机创建不同种类的动物对象，用 Zoo 对象存储这些动物对象的指针，再调用 showAnimals() 输出这些动物对象的信息。

# Qt 基础

Qt 对 C++ 进行了扩展，其框架具有非常好的可移植性（portable），完全支持跨平台构建（cross-platform builds），开源(open source)，使用起来简便、高效。Qt 不只开发图形用户界面（Graphic User Interface，GUI），目前其应用既包括传统行业嵌入式、电力系统、仪器仪表等，又包括智能家居和机器人行业等。基于 Qt 开发的典型应用软件有咪咕音乐、WPS Office、极品飞车、Virtual Box 以及 Google 地球（Google Earth）等。

前 4 章主要介绍了 C++ 的语言基础，本章将开始使用 Qt 来开发 GUI 程序，主要介绍 Qt GUI 程序设计的基础部分，包括 Qt 的概述和历史发展、信号和槽的使用，以及如何构建 Qt 项目。通过本章的学习和实战，读者能初步具备使用 Qt 和 C++ 开发简单 GUI 程序的能力。

本章主要内容和学习目标如下。

- Qt 概述。
- Qt 项目创建。
- 信号和槽机制。
- 计算器程序设计。

# 5.1 Qt 概述

Qt 是一个跨平台（所编写的代码可运行在 Windows 和 Linux 等平台，基本不用修改）的 C++ GUI 应用程序框架，为应用程序开发者提供建立艺术级 GUI 所需的大部分功能。它不仅可以开发 GUI 程序，也可以开发非 GUI 程序，如控制台程序和服务器程序等，完全面向对象，使用了元对象编译器来自动生成代码，对项目而言很容易扩展，实现了真正的组件编程。

## 5.1.1 发展历史

1991 年 Qt 最早由奇趣科技（北京）有限公司开发。

1996 年 Qt 进入商业领域，在两年后 KDE Free Qt 基金会成立，为 Linux GUI 打下基础。

2000 年 Qt 开始使用通用公共许可证（General Public License，GPL）。

2014 年 4 月跨平台的集成开发环境 Qt Creator 3.1.0 正式版发布，同年 5 月 20 日配发了 Qt 5.3 正式版，至此 Qt 实现了对 iOS、Android、Windows Phone 等平台的全面支持。

## 5.1.2 跨平台

Qt 的跨平台特点与 Java 类似，"Write once, run anywhere"，只需要编写一次代码，Qt 就可以在 Windows、macOS 等主流平台上编译并运行。目前 Qt 支持的平台有 Windows 平台、macOS 平台、Android 平台、嵌入式 Linux 平台、iOS 平台（移动端和桌面端）等。

## 5.1.3 Qt 模块

Qt 类库里有大量的类，根据功能分为各种模块，这些模块又可分为以下几种。

- Qt 基本模块（Qt essentials）：提供了 Qt 在所有平台上的基本功能。
- Qt 附加模块（Qt add-ons）：实现一些特定功能的提供附加价值的模块。
- 增值模块（value-add modules）：单独发布的提供额外价值的模块或工具。
- 技术预览模块（technology preview modules）：一些处于开发阶段，但是可以作为技术预览使用的模块。
- Qt 工具（Qt tools）：帮助应用程序开发的一些工具。

在 Qt 的官网可以查看这些模块的信息。

Qt 基本模块是 Qt 在所有平台上的基本功能，是 Qt 的核心，其他模块都依赖于它。Qt 基本模块在所有的开发平台和目标平台上都可用。在 Qt 5 的所有版本中，源代码和二进制是兼容的。这些具体的基本模块见表 5-1。

表 5-1　Qt 基本模块

| 模块 | 描述 |
| --- | --- |
| Qt Core | 其他模块都用到的核心非图形类 |
| Qt GUI | 设计 GUI 的基础类，包括 OpenGL |
| Qt Multimedia | 音频、视频、摄像头及广播功能的类 |
| Qt Multimedia Widgets | 实现多媒体功能的界面组件类 |
| Qt Network | 使网络编程更简单和轻便的类 |
| Qt QML | 用于 QML 和 JavaScript 的类 |
| Qt Quick | 用于构建具有定制用户界面的动态应用程序的声明框架 |
| Qt Quick Controls | 创建桌面样式用户界面，基于 Qt Quick 的用户界面控件 |
| Qt Quick Dialogs | 通过 Qt Quick 创建系统对话框并与之交互的类型 |
| Qt Quick Layouts | 用于 Qt Quick 2 界面元素的布局项 |
| Qt SQL | 使用 SQL 用于数据库操作的类 |
| Qt Test | 用于应用程序和库进行单元测试的类 |
| Qt Widgets | 用于构建 GUI 的 C++ 图形组件类 |

# 5.2 Qt 项目创建

通过 Qt 创建项目比较方便，本书在 1.3.1 小节中创建了第一个 C++ 项目。下面介绍通过向导进行项目创建的方法，以下是 Qt 编程值得注意的地方。

- Qt 提供了大量的示例程序，单击 Qt 界面首页可以打开和搜索这些示例程序。这些示例程序涉及各个方面，包括地图、手机、游戏、蓝牙等，读者可以参考。
- Qt 的帮助文件非常详细，很多都是带实例的，读者在编程时可随时阅读。
- 对类的属性，如 QLabel 的 text 属性，如果要进行设置，则在其前面加上 Set，即 SetText() 方法。

## 5.2.1　通过向导创建

通过向导创建 Qt 项目比较容易，主要包括以下几个步骤。

（1）运行 Qt Creator，选择"Projects → New"（也可以直接按快捷键"Ctrl+N"），在"选择一个模板"界面选择"Application"中的"Qt Widgets Application"，然后单击"Choose"按钮，如图 5-1 所示。

在上述过程中，除可选择"Application"之外，也可以选择"Library""其他项目""Non-Qt Project""Import Project"或者"文件和类"等。

（2）输入项目信息。在 Project Location（向导创建）界面输入项目的名称"helloworld"，然后单击"创建路径"右边的"浏览"按钮选择项目路径，如这里是"D:\qtcode\2-1"（注意：项目名称和路径中都不能出现中文）。如果选择了这里的"设为默认的项目路径"，那么以后创建的项目会默认使用该目录。单击"下一步"按钮进入下一个界面，如图 5-2 所示。

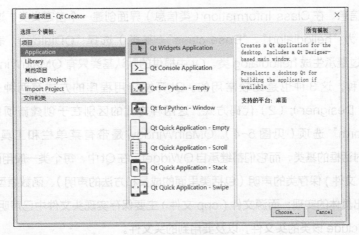

图 5-1　模板选择

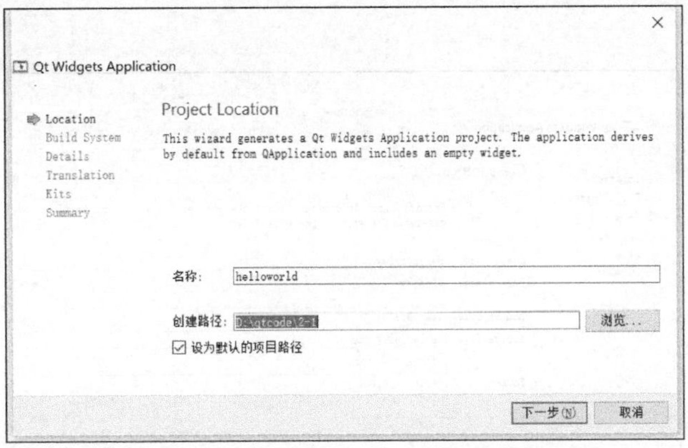

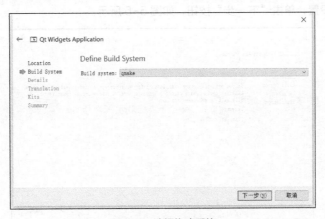

图 5-2　输入项目名称和选择项目路径

（3）选择构建系统，如图 5-3 所示，默认使用"qmake"即可。单击"下一步"按钮。

图 5-3　选择构建系统

这里补充说明一下相关的编译工具：在 Makefile 文件中描述了整个项目所有文件的编译顺序、编译规则。CMake 是跨平台项目管理工具，通过抽象的语法来组织项目，为各个编译器定制工程文件。qmake 是 Qt 专用的项目管理工具，它提供了一个用于管理应用程序、库、其他组件构建过程的面向工程系统，qmake 对应的工程文件是 *.pro，在这个项目中能够选择 qmake。

（4）输入类信息。在 Class Information（类信息）界面创建一个自定义类。这里设定"Class name"（类名）为"hellodialog"，"Base class"（基类）选择"QDialog"，表明该类继承自 QDialog 类，通过继承生成 hellodialog 类。Qt 中提供的默认基类只有 QMainWindow、QWidget 及 QDialog 这 3 种，这 3 种也是比较常用的。Qt 开发应用程序的方式有两种：（1）Qt 的 GUI 界面设计器（Qt Designer）；（2）代码方式。这两种方式的区别在于创建新项目过程中有无勾选"Generate form"选项（见图 5-4）。QMainWindow 是带有菜单栏和工具栏的主窗口类，QDialog 是各种对话框的基类，而它们都继承自 QWidget。在 Qt 中，每个类一般用两个文件来保存。其中，头文件（.h 文件）保存类的声明（包括类里面的成员和方法的声明）、函数原型、#define 常数等，但一般不写出具体的实现；而源文件（.cpp 文件）主要保存实现头文件中已声明的函数的具体代码，开头必须 #include 该类的头文件，以及要用到的头文件。

此时，下面的头文件、源文件及界面文件都会自动生成，保持默认即可，然后单击"下一步"按钮，如图 5-4 所示。

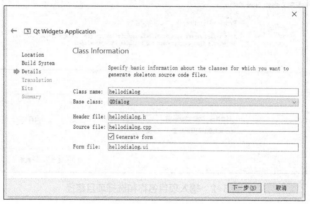

图 5-4　类信息

（5）使用默认设置，单击"下一步"按钮，如图 5-5 所示。

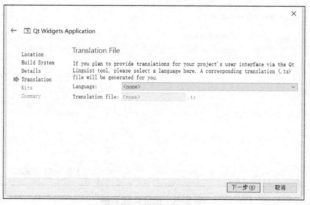

图 5-5　使用默认设置

（6）选择编译器套件。如图 5-6 所示，这里显示的 Desktop Qt 5.9.9 MinGW 32bit 本质上就是 GNU 编译器套件（GNU Compiler Collection，GCC），即 GNU 开发的编程语言编译器，用于将代码编译成可执行文件。单击图 5-6 右侧的"详情"按钮，可见下面默认编译器套件版本为 Debug 版本、Release 版本和 Profile 版本，分别设置了三个不同的目录。单击"下一步"按钮。

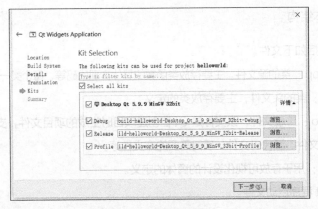

图 5-6　选择编译器套件

（7）项目管理设置。此时可看到这个项目的汇总信息，还可以使用版本控制系统。可直接单击
"完成"按钮，完成项目的创建，如图 5-7 所示。

图 5-7　项目管理

### · 5.2.2　Qt Creator 界面

通过向导完成项目创建后，进入 Qt Creator 界面，单击选择左上角的"main.cpp"，如图 5-8 所示。

图 5-8　Qt Creator 界面

## · 5.2.3　项目基本结构

项目创建好后包括如下文件。

- hellodialog.cpp：类的源文件，主要存放类函数的具体实现代码等，每个类一般有头文件和源文件。

- hellodialog.h：类的头文件，主要存放类的定义。

- helloworld.pro：工程文件，该文件是 Qt 在创建项目时生成的项目文件，支持跨平台，包含的内容有临时工程文件、源代码文件、项目需要的库文件等。

- hellodialog.ui：用于存放可视化设计的窗体的定义。

- main.cpp：Qt 程序启动文件。

下面通过例 5-1 对 Qt 程序的运行机制进行解释。

例 5-1：helloworld 项目。

修改 main.cpp 中的代码，具体如下。

```
1    #include "hellodialog.h"
2    #include <QApplication>
3    int main(int argc, char *argv[])
4    {
5        QApplication a(argc, argv);
6        hellodialog w;
7        w.show();
8        return a.exec();
9    }
```

首先是 main.cpp 这个文件，因为其中包含 main() 函数。对于一般的 C/C++ 应用程序来说，main() 函数就是程序的起点，所以一般从这里开始分析。

第 5 行的作用是实例化一个 QApplication 类，类的对象名称是 a，传过去的参数则为 argc 和 argv。argc 是参数的个数，而 argv 是各个参数的指针（双重指针）。

QApplication 应用程序类是管理 GUI 应用程序的控制流和主要设置，是 Qt 的整个后台管理的命脉，包含主事件循环，在其中处理和调度来自窗口系统和其他资源的所有事件，也处理应用程序的初始化和结束，并且提供对话管理。任何一个使用 Qt 的 GUI 应用程序，都存在一个 QApplication 对象。

第 6 行语句的作用是实例化一个 hellodialog 类，对象的名称是 w。类 Qdialog 是一个对话框基类，所以 hellodialog 也是一个对话框类，w 就是一个对话框。

窗口创建默认是隐藏的，第 7 行的作用是通过代码显式创建窗口部件和其子窗口部件。

第 8 行的作用是把程序运行交给 Qt 应用程序处理，进入程序处理的循环状态。

程序进入消息循环，等待可能的输入并进行响应处理。这里 main() 把控制权转交给 Qt，Qt 完成事件处理工作，当应用程序退出的时候 exec() 的值就会返回。在 exec() 中，Qt 接收并处理用户和系统的事件，并且把它们传递给适当的窗口部件。

## · 5.2.4　.pro 文件详解

通过 Qt 向导生成的应用程序 .pro 文件格式如下，其包含了整个项目的信息，这里进行详细介绍。

```
// 例 5-1 helloworld.pro
1    Qt    += core gui
2    greaterThan(QT_MAJOR_VERSION, 4): Qt+= widgets
3    CONFIG += C++11
4    TARGET = Helloworld
5    TEMPLATE = app
6    SOURCES += \
             main.cpp \
             hellodialog.cpp
7    HEADERS += \
             hellodialog.h
8    RESOURCES += \
9    qrc/hellodialog.qrc
10   FORMS += \
             hellodialog.ui
```

下面对上述代码中 helloworld.pro 文件的内容进行详细解释。

该文件以 .pro 作为扩展名，工程文件 (project) 是 qmake 自动生成的用于生产 makefile 的配置文件。

（1）第 2 行语句的含义是，如果 QT_MAJOR_VERSION 大于 4（也就是当前使用的 Qt 5 或更高版本），需要增加 widgets 模块。如果项目仅需支持 Qt 5，也可以直接添加"Qt+= widgets"。不过为了保持代码兼容，最好还是按照 Qt Creator 生成的语句编写。在这里使用"+="，是添加配置选项到一个已经存在的选项中，这样做比使用"="替换已经指定的所有选项更安全。

（2）第 3 行为配置信息，CONFIG 用来告诉 qmake 应用程序的配置信息。

（3）第 4 行指定程序编译后目标可执行程序的名字为"Helloworld"。

（4）第 5 行模板变量告诉 qmake 为这个应用程序生成哪种 makefile。下面是可供使用的选择。

- app：建立一个应用程序的 makefile。这是默认值，如果模板没有指定将被使用。
- Lib：建立一个库的 makefile。
- vcapp：建立一个应用程序的 Visual Studio 项目文件。
- vclib：建立一个库的 Visual Studio 项目文件。
- subdirs：这是一个特殊的模板，它可以创建一个能够进入特定目录、为一个项目文件生成 makefile 并且为它调用 make 的 makefile。

（5）第 6 行说明工程中包含的 C++ 源文件（.cpp 文件）"hellodialog.cpp"。

（6）第 7 行说明工程中包含的头文件"hellodialog.h"。

（7）第 8、9 行说明工程中包含的资源文件。

（8）第 10 行说明工程中包含的 .ui 设计文件。

## 5.2.5　程序编译调试

如图 5-9 所示，选择左下方的"Debug"，再单击"Debug"下方的"▶"（运行）按钮即可进行编译和调试。使用快捷键"Ctrl+R"也可以编译并运行程序。

图 5-9　编译并运行程序

例 5-1 运行结果如图 5-10 所示。

图 5-10　例 5-1 运行结果

该程序没有任何编译输出。本节主要讲述通过向导创建程序，并对其文件进行详细解释，以便后文对程序编写的深入讲解。

补充一个要注意的问题，在 Qt 已完成的项目中有一个文件 ".pro.user"，用于记录打开工程的路径、所用的编译器、构建的工具链、生成的目录、打开工程的 Qt Creator 的版本等。当更换编译环境时（更换目录），最好将其删除。或在打开该项目时，Qt 会提示该项目发生环境变更，需进行重新配置。可单击 "Configure Project" 按钮进行配置，以免发生编译错误，影响程序运行，如图 5-11 所示。

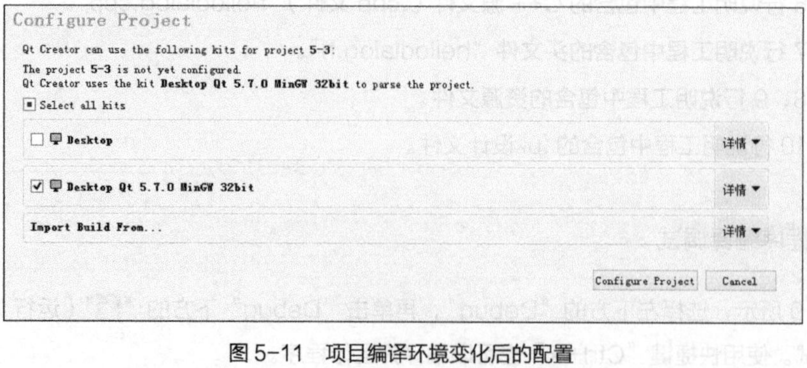

图 5-11　项目编译环境变化后的配置

# 5.3 信号和槽机制

在 C++ 中，对象与对象之间产生联系要通过调用成员函数的方式。但是在 Qt 中，Qt 提供了一种新的对象间的通信方式，即信号和槽机制。在 GUI 编程中，通常希望一个窗口部件的一个状态的变化会被另一个窗口部件知道，为了实现这种效果且取代老式的回调函数，信号和槽机制应运而生，Qt 通过 QObject 提供信号和槽的功能（详见 5.3.3 小节）。

信号和槽的核心原理很简单，当某个事件发生之后，如按钮检测到自己被单击了一下，它就会广播出一个信号。如果有对象对这个信号感兴趣，就使用连接函数，将想要处理的信号和自己的一个函数（称为槽函数）进行绑定并处理这个信号。也就是说，当信号被发出时，与之连接的槽即函数会自动被回调。

### · 5.3.1 信号和槽的使用

槽的本质是类的成员函数，其参数可以是任意类型，可以是虚函数，可以被重载。槽通常和信号连接在一起，当信号被发出时，与这个信号连接的槽函数就会被调用。Qt 中信号和槽函数主要有 3 种常见的连接方式，其中第 1 种常见方式如下（Qt 5.0 以前）。

```
connect(sender, SIGNAL(signal()),receiver, SLOT(handle()));//Qt 5.0 以前
```

其具体参数如下。

- sender：发出信号的对象（实为发送对象的地址或指针）。
- signal()：发送对象发出的信号。
- receiver：接收信号的对象（实为接收对象的地址或指针）。
- handle()：接收对象在接收到信号之后所需要调用的函数。

参数中 sender 就是指向发送信号的对象的指针，receiver 是指向包含槽函数的对象的指针。signal() 是被发送的信号，handle() 是接收信号后调用的槽函数，均为不带参数的函数名。SIGNAL() 和 SLOT() 是转换信号与槽的宏，会将其参数转换为字符串，即将函数名转换为字符串，将这个字符串传入 connect() 函数中。这种方式的优点是可以给特定参数的槽函数发消息。在编译的时候即使信号或槽不存在也不会报错，但是在执行时无效。

第 2 种常见方式为 Qt 5.0 提供了另一种基于函数指针的 connect() 重载函数，具体声明如下。

```
[static] QMetaObject::Connection QObject::connect(
const QObject *sender, PointerToMemberFunction signal, const QObject *receiver,
PointerToMemberFunction method, Qt::ConnectionType type = Qt::AutoConnection)
```

其中第五个参数 Qt::ConnectionType 为 type 连接类型，一般使用默认值。connect() 函数返回值为 QMetaObject::Connection 类型，Qt 5.0 以后常见方式如下。

```
connect(sender, &sender::signal, receiver, &receiver::handle);//Qt 5.0 以后
```

这种方式可以绑定信号或者槽函数（更简洁），缺点就是不能以参数区分信号。如果编译的时候

信号或槽不存在是无法编译通过的，相当于编译时检查，不容易出错。新语法能连接到函数，不仅仅是QObjects，例如：

```
connect(sender,&Sender::valueChanged,someFunction);
```

第3种方式是采用Lambda表达式（将在5.3.4中介绍），这种更加方便快捷。

信号和槽的连接比较随意，一个信号可以连接多个槽，示例如下。

```
connect(sender, SIGNAL(signal), receiverA, SLOT(slotA));
connect(sender, SIGNAL(signal), receiverB, SLOT(slotB));
```

也可以多个信号连接同一个槽，示例如下。

```
connect(senderA, SIGNAL(signalA), receiver, SLOT(slot));
connect(senderB, SIGNAL(signalB), receiver, SLOT(slot));
```

一个信号还可以连接另外一个信号，示例如下。

```
connect(sender, SIGNAL(signalA), receiver, SIGNAL(signalB));
```

当sender对象发送信号给signalA时，触发receiver对象发送信号给signalB。同时，信号和槽之间的连接可以被移除，示例如下。

```
disconnect(sender, SIGNAL(signal), receiver, SLOT(slot));
```

Qt信号和槽机制的优缺点如下。

- Qt信号和槽机制的引用可减少程序员编写的代码量。
- Qt的信号可以对应多个槽（它们的调用顺序随机），也可以多个槽映射一个信号。
- Qt的信号和槽的建立与解除绑定十分自由。
- 信号和槽同真正的回调函数比起来，时间的耗损还是很大的，在嵌入式实时系统中应当慎用。
- 信号和槽的参数限定很多，如不能携带模板类参数、不能出现宏定义等。

下面用例5-2来解释一下信号和槽的机制，新建一个基类QWidget的Qt图形应用项目。

例5-2：信号和槽。

创建项目选定基类，如图5-12所示。

项目代码如下，代码中的#ifndef、#define和#endif宏定义是防止头文件被多个源文件包含，如果头文件中有变量定义，那么变量编译时会被重复定义。

图5-12　创建项目选定基类

```
// 例5-2 widget.h 声明按钮 button1
#ifndef WIDGET_H
#define WIDGET_H
#include<QPushButton>
#include <QWidget>
QT_BEGIN_NAMESPACE // 定义自己的命名空间
namespace Ui { class Widget; }
```

```
QT_END_NAMESPACE
class Widget : public QWidget
{
        Q_OBJECT// 只有继承了 QObject 类的类, 才具有信号和槽; 为了使用信号和槽, 必须继承
//QObject
        // 宏 Q_OBJECT 是任何实现信号、槽或属性的强制性要求
public:
        Widget(QWidget *parent = nullptr);
        ~ Widget();
private:
        Ui::Widget *ui;
        QPushButton button1;
};
#endif // WIDGET_H
```

例 5-2 widget.cpp 在构造函数中定义一个按钮, 并定义对应的关闭操作的 connect。

```
#include "widget.h"
#include "ui_widget.h"
Widget::Widget(QWidget *parent)
    : QWidget(parent)
    , ui(new Ui::Widget)
{
    button1.setParent(this);// 绑定窗口和按钮
    button1.setText("close");// 按钮框中文本
    button1.move(100,100);// 定义按钮的位置, 以左上角为原点, px 为单位
    connect(&button1,&QPushButton::pressed,this,&Widget::close);
}
Widget:: ~ Widget()
{
}
```

例 5-2 main.cpp, 文件代码如下。

```
#include "widget.h"
#include <QApplication>
int main(int argc, char *argv[])
{
    QApplication a(argc, argv);
    Widget w;
    w.show();
    return a.exec();
}
```

程序运行后, 单击 "close" 按钮结束程序。

例 5-2 运行结果如图 5-13 所示。

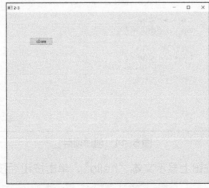

图 5-13 例 5-2 运行结果

下面对程序进行解析。先对类"Widget"进行分析，过程如下。

（1）在头文件"Widget.h"中首先引入了"QPushButton"，意味着引入了"QPushButton"所需模块。

```
#include<QPushButton>
```

（2）头文件"Widget.h"中添加一个"QPushButton"的私有变量"button1"。

```
private:
Ui::Widget*ui;
QPushButton button1;
```

（3）在类的源文件"Widget.cpp"的构造函数中，将"button1"定义为"Widget"的成员变量，即将"button1"的对象和窗口绑定在一起，最后写 connect() 函数，具体如下。

```
button1.setParent(this);// 绑定窗口和按钮
button1.setText("close");// 按钮框中文本
button1.move(100,100);// 定义按钮的位置，以左上角为原点，px 为单位
connect(&button1,&QPushButton::pressed,this,&Widget::close);
```

在这些代码中，button1 是信号的发送方；信号为 QPushButton 基类定义的 pressed 信号；信号接收方为 Widget w，即在构造函数中写为 this；槽函数为基类 QWidget 定义的 close() 函数。

这样，在单击"close"按钮时，该按钮 button1 会发送一个 pressed 信号，pressed 信号会触发 w 中继承的 close() 函数，实现结束程序的功能。

### · 5.3.2　自定义信号和槽函数

connect() 函数可用来连接系统提供的信号和槽。但是，Qt 的信号和槽机制并不是仅能使用系统提供的那部分，程序员也可设计自己的信号和槽。

#### ■ 1. 自定义槽函数

首先，创建一个基于基类 QWidget 的 Qt 图形应用项目，添加一个新的类，类名为"Widget"，继承于 Qt 的基类 QWidget，如图 5-14 所示。

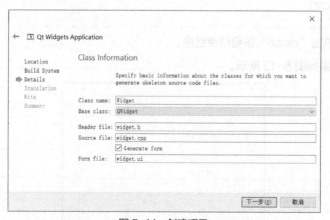

图 5-14　创建项目

在窗口中添加一个按钮，按钮上显示文本"hello"，单击按钮后按钮文本变为"hi"的实现代码见例 5-3。

例 5-3：自定义信号和槽函数。

```
// 例 5-3 widget.h 中声明按钮 button1 和成员函数（槽函数）MySlot()
#ifndef WIDGET_H
#define WIDGET_H
#include<QPushButton>
#include <QWidget>
QT_BEGIN_NAMESPACE
namespace Ui { class Widget; }
QT_END_NAMESPACE
class Widget : public QWidget
{
    Q_OBJECT
public:
    Widget(QWidget *parent = nullptr);
    void MySlot();
    ~ Widget();
private:
    QPushButton button1;
    Ui::Widget *ui;
};
#endif // WIDGET_H
```

widget.cpp 中定义槽函数 MySlot()，并且连接按钮信号和自定义槽函数。

```
#include "widget.h"
#include "ui_widget.h"
Widget::Widget(QWidget *parent)
    : QWidget(parent)
    , ui(new Ui::Widget)
{
    button1.setParent(this);// 绑定按钮和窗口
    button1.setText("hello");// 定义按钮显示文本
    button1.move(100,100);// 定义按钮的位置
    // 使用自定义槽函数
    connect(&button1,&QPushButton::pressed,this,&Widget::MySlot);
}
void Widget::MySlot()
{
        button1.setText("hi");// 自定义的槽函数，换成文本 hi
}
Widget:: ~ Widget()
{
    delete ui;
}
// 例 5-3main.cpp 函数不修改，这里不做展示
```

例 5-3 运行结果如图 5-15 所示。

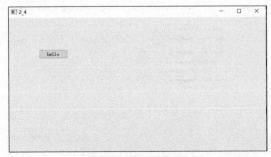

图 5-15　例 5-3 运行结果

单击按钮后的文本显示如图 5-16 所示。

图 5-16　单击按钮后的文本显示

代码解析：从运行结果可以看出，自定义槽函数是类中的成员函数；相比于例 5-2，例 5-3 的自定义槽函数就是将类的成员函数作为槽函数即可。

自定义槽函数要点如下。

（1）槽函数可以传入参数，但没有返回值。

（2）在 Qt5 中，任何成员函数、静态成员函数、全局函数及 Lambda 表达式都可以作为槽函数。与信号函数不同，槽函数必须自己完成实现代码。槽函数就是普通的成员函数，因此也会受到 public、private 等访问控制关键字的影响。（如果信号是私有的，这个信号就不能在类的外面连接，而类中本来就可以直接传递，因此这种限制也就没有任何意义。）

### 2. 自定义信号

下面将通过自定义信号，实现一个报纸和订阅者的例子，见例 5-4。

例 5-4：报纸和订阅者。

有一个报纸类 NewsPaper 和一个订阅者类 Reader。类 Reader 可以订阅类 NewsPaper。这样，当 NewsPaper 有了新的内容的时候，Reader 可以立即得到通知，具体过程如下。

（1）创建基于 QMainWindow 的 Qt 项目，添加新类，名为"NewsPaper"，如图 5-17 所示。

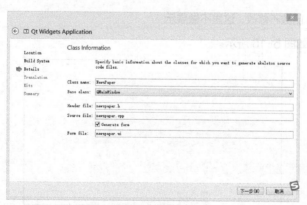

图 5-17　创建项目

（2）在 Qt Creator 主界面选择左上角的"文件"，单击"新建文件或项目"，在"文件和类"处选择"C++ Class"，然后单击右下角的"Choose"按钮，在弹出的窗口填写新建类的类名"reader"，并选择基类为"QWidget"，如图5-18所示。

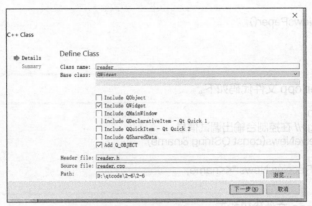

图5-18　新建 reader 类

例5-4中 newspaper.h 文件代码如下。

```
#ifndef NEWSPAPER_H
#define NEWSPAPER_H
#include <QMainWindow>
QT_BEGIN_NAMESPACE
namespace Ui { class NewsPaper; }
QT_END_NAMESPACE
class NewsPaper : public QMainWindow
{
    Q_OBJECT
public:
    NewsPaper(const QString name):m_name(name){};
    void sent();// 定义发送自定义信号的函数
    ~ NewsPaper();
signals:
    void newPaper(const QString &name);// 定义信号，无须实现，可以有参数，返回类型必须为 void
private:
    Ui::NewsPaper *ui;
    QString m_name;
};
#endif // NEWSPAPER_H
```

例5-4中 reader.h 文件代码如下。

```
#ifndef READER_H
#define READER_H
#include <QWidget>
class Reader : public QWidget
{
    Q_OBJECT
public:
    Reader(){};
    void receiveNews(const QString &name);// 简单函数，负责输出接收到的参数 name
};
#endif // READER_H
```

例5-4中 newspaper.cpp 文件代码如下。

```
#include "newspaper.h"
```

```
#include "ui_newspaper.h"
void NewsPaper::sent()
{
    emit newPaper(m_name);
}
NewsPaper:: ~ NewsPaper()
{
    delete ui;
}
```

例 5-4 中 reader.cpp 文件代码如下。

```
#include "reader.h"
#include<QDebug>// 在控制台输出调试信息
void Reader::receiveNews(const QString &name)
{
    qDebug()<<"Receive News:"<<name;
}
```

例 5-4 中 main.cpp 文件代码如下。

```
#include "newspaper.h"
#include"reader.h"
#include <QApplication>
int main(int argc, char *argv[])
{
    QApplication a(argc, argv);
    NewsPaper newspaper("Newspaper A");
    Reader reader;
    QObject::connect(&newspaper,&NewsPaper::newPaper,&reader,&Reader::receiveNews);
    newspaper.sent();
    return a.exec();
}
```

例 5-4 运行结果如图 5-19 所示。

```
21:24:31: Starting D:\qtcode\2-6\build-2-6-Desktop_Qt_5_9_9_MinGW_32bit-Debug\debug\2-6.exe ...
Receive News: "Newspaper A"
```

图 5-19　例 5-4 运行结果

项目要点解析如下。

• 类 NewsPaper 中定义了信号 newPaper，信号中带有参数 name。

• NewsPaper 中定义了成员函数 sent()，该成员函数负责发送自定义信号 newPaper。

• Reader 中定义了槽函数 receiveNews()，即将接收的信息在控制台输出。

• 在 main.cpp 中调用 connect() 函数，将 newspaper 的信号 newPaper 和 reader 的槽函数绑定。

• 通过 newspaper.sent() 发送自定义信号，最后 reader 作为接收者收到发送的信号和参数 name，将其输出到控制台。

自定义信号和槽需要注意的事项有以下几个。

（1）发送者和接收者都需要 QObject 的派生类（当然，槽函数是全局函数、Lambda 表达式等无须接收者的时候除外）。

（2）使用 signals 标记信号，信号是一个函数声明，返回 void，不需要实现函数代码。

（3）使用 emit 在恰当的位置发送信号。

（4）可以在 main.cpp 中使用 QObject::connect() 函数连接信号和槽函数。

（5）任何成员函数、静态成员函数、全局函数及 Lambda 表达式都可以作为槽函数。

### · 5.3.3 Q_OBJECT 和 QDebug

Q_OBJECT 是所有 Qt 对象的基类，也是 Qt 模块的核心。在 Qt 中，如果一个类要使用信号和槽的功能，就必须在其中声明 Q_OBJECT，如在例 5-4 的 newspaper.h 和 reader.h 的类头文件中，类的定义的第一行就写上了 Q_OBJECT。不管是不是使用信号和槽，都应该添加 Q_OBJECT 宏，这个宏为类提供了信号和槽机制、国际化机制以及 Qt 提供的不基于 C++ RTTI 的反射能力。其他很多操作都会依赖于这个宏，即使类中不需要使用信号和槽，也需要添加这个宏，否则会出现编译错误。另外，Qt 中的 QDebug 可方便调试程序时尽快找到错误，但在发布 Release 版本时，需去掉 Debug 打印调试信息，此时只需要在 .pro 文件里加预定义宏即可。

```
DEFINES += = QT_NO_DEBUG_OUTPUT
```

### · 5.3.4 Lambda 表达式

C++11 中的 Lambda 表达式用于定义并创建匿名的函数对象，以简化编程工作。

需在 .pro 文件中加入：

```
CONFIG+=C++11
```

Lambda 表达式的基本构成如图 5-20 所示。

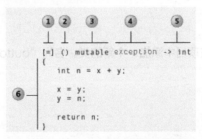

图 5-20 Lambda 表达式的基本构成

Lambda 表达式的语法如下。

```
[ 函数对象参数 ]( 操作符重载函数参数 )mutable 或 exception -> 返回值 { 函数体 }
```

语法的具体讲解如下。

（1）函数对象参数。

以"[]"标识一个 Lambda 表达式的开始，这部分必须存在，不能省略。函数对象参数是传递给编译器自动生成的函数对象类的构造函数的。函数对象参数只能使用那些到定义 Lambda 表达式为止时 Lambda 表达式所在作用范围内可见的局部变量（包括 Lambda 表达式所在类的 this）。函数对象参数有以下形式。

- 空，没有使用任何函数对象参数。

- "=", 函数体内可以使用 Lambda 表达式所在作用范围内所有可见的局部变量（包括 Lambda 表达式所在类的 this），并且是值传递方式（相当于编译器自动按值传递了所有局部变量）。

- "&", 函数体内可以使用 Lambda 表达式所在作用范围内所有可见的局部变量（包括 Lambda 表达式所在类的 this），并且是引用传递方式（相当于编译器自动按引用传递了所有局部变量）。

（2）操作符重载函数参数。

以"()"标识重载的操作符的参数，没有参数时，这部分可以省略。参数可以通过按值 [ 如 (a,b)] 和按引用 [ 如 (&a,&b)] 两种方式进行传递。

（3）可修改标识符。

mutable 声明，这部分可以省略。按值传递函数对象参数时，加上 mutable 后，可以修改按值传递进来的副本（注意是能修改副本，而不是值本身）。

（4）错误抛出标识符。

exception 声明，这部分也可以省略。exception 声明用于指定函数抛出的异常，如抛出整数类型的异常，可以使用 throw(int)。

（5）函数返回值。

以"->"标识函数返回值的类型。当返回值为 void，或者函数体中只有一处返回的地方（此时编译器可以自动推断出返回值类型）时，这部分可以省略。

（6）函数体。

以"{}"标识函数的实现，这部分不能省略，但函数体可以为空。

例 5-5 通过创建一个基于基类 QWidget 的 Qt 图形应用项目，使用 Lambda 表达式实现简单的单击按钮操作。

例 5-5：Lambda 表达式。

通过向导程序创建项目，在项目中添加一个新的类，名为"button"，基类为 QWidget。

```
//button.h 头文件
#ifndef BUTTON_H
#define BUTTON_H
#include <QWidget>
#include<QPushButton>
QT_BEGIN_NAMESPACE
namespace Ui { class button; }
QT_END_NAMESPACE
class button : public QWidget
{
    Q_OBJECT
public:
    button(QWidget *parent = nullptr);
    ~ button();
private:
    Ui::button *ui;
    QPushButton *button1;
};
#endif // BUTTON_H
```

例 5-5 button.cpp 文件代码如下。

```cpp
#include "button.h"
#include "ui_button.h"
#include<QDebug>
button::button(QWidget *parent)
    : QWidget(parent)
    , ui(new Ui::button)
{
    button1 = new QPushButton(this);
    button1->setParent(this);
    button1->setText("Lambda");
connect(button1,&QPushButton::released,
    [=]()
    {
        button1->setText("hello");
    }
    );
}
button:: ~ button()
{
    delete ui;
}
```

例 5-5 运行结果如图 5-21 所示。

单击按钮后运行结果如图 5-22 所示。

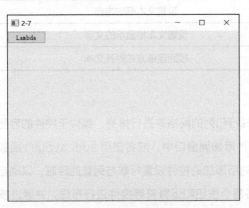

图 5-21　例 5-5 运行结果

图 5-22　单击按钮后运行结果

程序解析：项目通过使用 Lambda 表达式，省略了定义槽函数的复杂操作。

# 5.4 计算器程序设计

本节将通过一个综合项目（见例 5-6）来巩固读者前面学到的知识，包括信号、连接函数及槽函数的使用。这个程序略难，需要读者多一点耐心和努力去掌握（或学完后续章节后再学），以便更好地掌握 Qt 可视化程序开发的精髓。

例 5-6：简易计算器。

该计算器的主要功能：对2个正整数实现加、减、乘、除运算及清空编辑框5个功能，如图5-23所示。

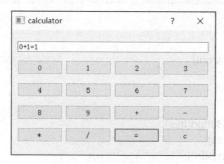

图5-23　简易计算器效果图

· 5.4.1　控件简介

■ 1. QLineEdit 控件简介

QLineEdit 类是一个单行文本框控件，可以输入单行字符串。

QLineEdit 类中常用的方法如表5-2所示。

表5-2　QLineEdit类中常用的方法

| QLineEdit 类常用的方法 | 方法实现的功能 |
|---|---|
| setText() | 设置文本框的内容 |
| setPlaceholderText() | 设置文本框显示的文字 |
| setAlignment() | 按固定值方式对齐文本 |

■ 2. QGridLayout 控件简介

QGridLayout（网格布局）可将窗口分割成行和列的网格来进行排列，类似于控件的容器。用户通常可以使用 addWidget() 函数将被管理的控件添加到窗口中，或者使用 addLayout() 函数将布局添加到窗口中，也可以通过 addWidget() 函数对所添加的控件设置行数与列数的跨越，以确定网格占据多个窗格。计算器程序通过 QGridLayout 将各个按钮和运算符等控件进行布局，并通过按钮数组达到精简代码的目的。QGridLayout 类中的 addWidget 方法如表5-3所示。

表5-3　QGridLayout类中的addWidget方法

| 方法 | 参数说明 |
|---|---|
| addWidget(QWidget Widget,int row,int col,int alignment=0) | 给网格布局添加部件，设置指定的行数和列数，起始位置的默认值为（0,0） |
| | widget: 表示所添加的控件 |
| | row: 表示控件的行数，默认从 0 开始 |
| | col: 表示控件的列数，默认从 0 开始 |
| | alignment: 表示对齐方式 |

这个程序中采用了将所有的数字按钮、运算按钮等均加到 QGridLayout 中的做法。

## · 5.4.2 代码设计

简易计算器的实现具体包括 4 个步骤。第 1 步：创建 Qt 工程；第 2 步：创建需要的控件，并放在布局中；第 3 步：实现信号和槽的连接；第 4 步：实现槽函数。

下面对各步骤进行详细说明。

### 1. 创建 Qt 工程

创建新的Qt工程，这里创建一个基类为QDialog的Qt应用项目"calculator"，如图5-24所示。

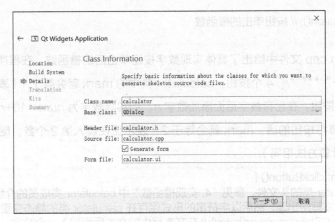

图 5-24　创建 calculator 应用项目

继续添加 buttonnum 类，这个类继承于 QWidget，如图 5-25 所示。

操作完成后，项目的文件目录如图 5-26 所示。

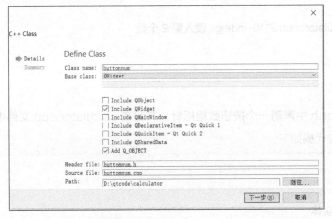

图 5-25　添加 buttonnum 类

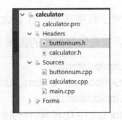

图 5-26　项目 5-6 文件目录

### 2. buttonnum 类和 calculator 类

程序中用到了 0 ～ 9 共 10 个数字，对于普通按钮而言，一个按钮就要对应一个槽函数，buttonnum 类的编写是为了防止应用过多的数字按钮代码。但是对于 0 ～ 9 共 10 个数字的按钮来说，calculator.h 中声明了 10 个按钮指针，然后在 calculator.cpp 文件中先给 10 个按钮指针创建实体，再定义 10 个对应数字按钮的槽函数，最后还需要编写 10 个 connect() 函数。显然，这样做的话代码过长，而且效率不高。于是，在项目 5-6 中将通过 buttonnum 类继承 QPushButton，并且

buttonnum 类中定义一个槽函数即可代替原来 10 个数字按钮的槽函数。核心代码如下。

```
// 定义类 buttonnum，在 buttonnum.h 中
class ButtonNum : public QPushButton // 继承 QPushButton
{
    Q_OBJECT
public:
    ButtonNum(int i);// 按钮构造函数，初始化按钮的 index 值
public:
    int index;      // 按钮的数字
    QLineEdit * le; // 文本框按钮指针
private slots:
    void clickButton(); // 按钮单击的槽函数
};
```

在 buttomnum.cpp 文件中给出了具体实现数字按钮单击后的槽函数，在程序运行过程中，如果没有单击过"+""−""*""/"4 个按钮，calculator 类中的 mark 就会等于 1（表示正在读入第 1 个数）；继续单击数字按钮，在已有数字后面添加数字 $n$，即实际数字为 $num \times 10 + n$。如果在单击数字之前已经单击过运算符按钮的话，mark 就会等于 2（表示正在读入第 2 个数，继续单击数字按钮获取后续数字，具体计算方法相同）。

```
void ButtonNum::clickButton() {
// 先了解 calculator 类的头文件，参见"4. 实现槽函数"中 calculator 类成员的介绍
// 输入数据在文本框中出现，然后以字符串的形式保存在 calculator 类的静态变量"S"中
calculator::S += QString::number(index);// 在文本框中的文本后面加入一个数字
    le->setText(calculator::S);// 将更改后的文本显示在文本框中
//mark 变量用于判断读入了第几个数
if(calculator::mark==1){// 读入第 1 个数
    calculator::num1=calculator::num1*10+index;
    }else
    {
    calculator::num2 = calculator::num2*10+index;// 读入第 2 个数
    }
}
```

### 3. 信号和槽的连接

对于数字按钮，在 calculator.h 中声明一个按钮数组指针，并且在 calculator.cpp 文件中创建实体，实现信号和槽的连接，相应代码如下。

```
//calculator.h
ButtonNum* button_num[10];
//calculator.cpp
for (int i = 0; i< 10; i++){// 创建实体
            button_num[i] = new ButtonNum(i);
            button_num[i]->le = lineEdit;
        }
// 实现信号和槽函数的连接
for(int i = 0; i< 10; i++){
            connect(button_num[i], SIGNAL(clicked()),button_num[i],SLOT(clickButton()));
        }

// 其余"+""−""*""/""="按钮的连接函数如下
connect(button_plus,SIGNAL(clicked(bool)),this,SLOT(on_button_plus_clicked()));
```

由于每个运算符的功能不同，很难通过类的定义来缩减代码，因而需要为 "+" "-" "*" "/" "=" 按钮分别定义各自的槽函数，分别定义各自的连接函数。

这里省略其他连接函数，5.4.3 小节的源代码将展示这一部分。

### 4. 实现槽函数

具体过程如下。

（1）在 calculator.h 中声明 calculator 类成员变量。

```
// 声明需要的变量
    // 第 1 个数、第 2 个数、运算结果
    float num1,num2,result;
    QString S; // 用于显示在 lineEdit 里面的字符串
    char sign;// 是等号运算符的时候，判断是加、减、乘、除运算中的哪一个
int mark; // 若单击过 "+" "-" "*" "/" 按钮，mark=2( 已取得了第 1 个数 )，默认是 1( 正在获取第 1 个数 )
```

（2）实现单击 "+" 按钮的槽函数，思路：①显示运算符；②将标志位 sign 置为 "+"，为后面 "=" 按钮的槽函数做准备；③ mark 标志位为 2，实现再单击某个数字按钮后，将该数字作为加法运算的第 2 个数字。

```
void calculator::on_button_plus_clicked()
{
    S+="+"; // 把 "+" 连接到字符串 S 后面
    sign='+'; // 设置标记为 "+"
    mark=2; // 单击其他数字按钮后，将该数字作为加法运算的第 2 个数字
    lineEdit->setText(S);
}
```

（3）实现单击 "=" 按钮的槽函数。思路：①显示 "="；②判断 sign 中的字符来确定加、减、乘、除运算；③实现加、减、乘、除运算，得到结果；④显示结果。

```
void calculator::on_button_equal_clicked()
{
    S+="=";
    switch (sign) {
    case '+':
        result = num1 + num2;
        break;
    case '-':
        result = num1 - num2;
        break;
    case '*':
        result = num1 * num2;
        break;
    case '/':
        result = num1 / num2;
        break;
    default:
        break;
    }
    //S+=QString::number(result, 10); // 就这个函数而言，result 必须是整型
    S+=QString("%1").arg(result);//float 转 QString
    //S+= result+'0'; // 不能这样写，result 大于等于 10 就会报错
    lineEdit->setText(S);
}
```

其余槽函数详见 5.4.3 节中的全部源代码。

## · 5.4.3 全部源代码和注释说明

全部源代码和注释说明如下。

```
//buttonnum.h
#ifndef BUTTONNUM_H
#define BUTTONNUM_H
#include <QPushButton>
#include <QLineEdit>
#include <QString>
#include <QObject>
#include <QDebug>
#include "calculator.h"

class ButtonNum : public QPushButton
{
    Q_OBJECT
public:
    ButtonNum(int i);
public:
    int index;
    QLineEdit*le;
private slots:
    void clickButton();
};
#endif // BUTTONNUM_H
```

buttonnum.cpp 文件代码如下。

```
#include "buttonnum.h"
ButtonNum::ButtonNum(int i):QPushButton(QString::number(i)),index(i)
{
}
void ButtonNum::clickButton() {
    calculator::S += QString::number(index);
    le->setText(calculator::S);
    if(calculator::mark==1){
     calculator::num1=calculator::num1*10+index;
    }else
  {
        calculator::num2 = calculator::num2*10+index;
    }
}
```

calculator.h 文件代码如下。

```
#ifndef CALCULATOR_H
#define CALCULATOR_H
#include<QPushButton>
#include<QLineEdit>
#include<QString>
#include <QDialog>
#include "buttonnum.h"
QT_BEGIN_NAMESPACE
namespace Ui { class calculator; }
```

```
QT_END_NAMESPACE
class ButtonNum;
class calculator : public QDialog
{
    Q_OBJECT
public:
    calculator(QWidget *parent = nullptr);
    ~ calculator();
    // 声明需要的部件
    ButtonNum* button_num[10]; // 数组，含 10 个按钮

    QPushButton* button_plus;
    QPushButton* button_minus;
    QPushButton* button_multiply;
    QPushButton* button_devide;
    QPushButton* button_equal;
    QPushButton* button_clearAll;
    static QLineEdit* lineEdit;
    // 声明需要的变量
    // 第 1 个数、第 2 个数、运算结果
    static float num1,num2,result;
    static QString S; // 用于显示在 lineEdit 里面的字符串
    // 是等号运算符的时候，判断是加、减、乘、除运算中的哪一个
    static char sign;
    static int mark; // 若单击过 "+" "−" "*" "/" 按钮，mark=2，表示读入第 2 个数
private slots:
    // 声明处理按钮单击信号的槽函数
    void on_button_plus_clicked();
    void on_button_minus_clicked();
    void on_button_multiply_clicked();
    void on_button_devide_clicked();
    void on_button_equal_clicked();
    void on_button_clearAll_clicked();
};
#endif // CALCULATOR_H
```

calculator.cpp 文件代码如下。

```
#include "calculator.h"
#include "ui_calculator.h"
#include<QGridLayout>
calculator::calculator(QWidget *parent)
    : QDialog(parent)
{
    // 初始化变量
    num1 = 0.0; // 第一个数初始化为 0
    num2 = 0.0; // 第二个数初始化为 0
    result = 0.0; //resultt 初始化为 0
    S=""; // 显示在编辑框的字符串初始化为空
    mark=1; // 表示没有点击过加减乘除
    // 初始化功能按钮指针
    button_plus= new QPushButton("+");
    button_minus= new QPushButton("−");
    button_multiply= new QPushButton("*");
    button_devide= new QPushButton("/");
    button_equal= new QPushButton("=");
```

```
            button_clearAll= new QPushButton("c");
            // 初始化数字按钮指针
            for (int i = 0; i< 10; i++){
                    button_num[i] = new ButtonNum(i);// 对 10 个数字产生对象指针
                    button_num[i]->le=lineEdit;
            }
                // 网格布局基本原理是把窗口划分为若干个单元格
    // 每个子部件被放置于一个或多个单元格之中
            QGridLayout *Grid = new QGridLayout;
            Grid->addWidget(lineEdit,1,1,1,4,Qt::Alignment());// 首先将文本框添加到布局中
            //6 个参数的含义：1 为待放入部件的指针，2、3 指所在行和列
            //4、5 指占用几行和几列，最后一个是对齐方式
            for (int i = 2; i <= 5; i++){// 这里的 i 和 j 表示按钮所在的行数和列数，建议不要修改
                for(int j = 1; j<=4; j++){
                    Grid->addWidget((QPushButton*)button_num[(i-2)*4 + j - 1],i,j,Qt::Alignment());
                        // 将数字按钮添加到布局中
                    }
                }
            // 把布局设置给当前创建的对话框对象
            this->setLayout(Grid);
            // 实现连接函数
            for(int i = 0; i< 10; i++){
                connect(button_num[i], SIGNAL(clicked()),button_num[i],SLOT(clickButton()));// 数字连接函数
            }
            // 功能按钮函数
            connect(button_plus,SIGNAL(clicked(bool)),this,SLOT(on_button_plus_clicked()));
            connect(button_minus,SIGNAL(clicked(bool)),this,SLOT(on_button_minus_clicked()));
            connect(button_multiply,SIGNAL(clicked(bool)),this,SLOT(on_button_multiply_clicked()));
            connect(button_devide,SIGNAL(clicked(bool)),this,SLOT(on_button_devide_clicked()));
            connect(button_equal,SIGNAL(clicked(bool)),this,SLOT(on_button_equal_clicked()));
            connect(button_clearAll,SIGNAL(clicked(bool)),this,SLOT(on_button_clearAll_clicked()));
}
calculator:: ~ calculator()
{
}
float calculator::num1 = 0;
float calculator::num2 = 0;
float calculator::result = 0.0;
QString calculator::S = "";
char calculator::sign = ' ';
int calculator::mark = 1;
// 初始化文本框按钮指针
lineEdit = new QLineEdit("C");
void calculator::on_button_plus_clicked()
{
    S+="+";  // 把 "+" 连接到字符串 S 后面
     sign='+'; // 设置标记为 "+"
     mark=2;  // 单击其他数字按钮后，将该数字作为加法运算的第 2 个数字
    lineEdit->setText(S);
}
void calculator::on_button_minus_clicked()
{
    S+="-";
     sign='-';
```

```
        mark=2;
        lineEdit->setText(S);
    }
    void calculator::on_button_multiply_clicked(){
        S += "*";
        sign = '*';
        mark = 2;
        lineEdit->setText(S);
    }
    void calculator::on_button_devide_clicked(){
        S += "/";
        sign = '/';
        mark = 2;
        lineEdit->setText(S);
    }
    void calculator::on_button_equal_clicked()
    {
        S+="=";
        switch (sign) {
        case '+':
          result = num1 + num2;
          break;
        case '-':
          result = num1 - num2;
          break;
        case '*':
          result = num1 * num2;
          break;
        case '/':
          result = num1 / num2;
          break;
        default:
          break;
        }
        //S+=QString::number(result, 10); // 就这个函数而言，result 必须是整型
        S+=QString("%1").arg(result);//float 转 QString
        //S+= result+'0'; // 不能这样写，result 大于等于 10 就会报错
        lineEdit->setText(S);
    }
    void calculator::on_button_clearAll_clicked(){
        S="";
        lineEdit->setText(S);
        mark=1;
        num1 = 0.0;
        num2 = 0.0;
        result = 0.0;
    }
```

main.cpp 未发生任何改变，这里不做任何说明。

简易计算器程序运行结果如图 5-27 所示。

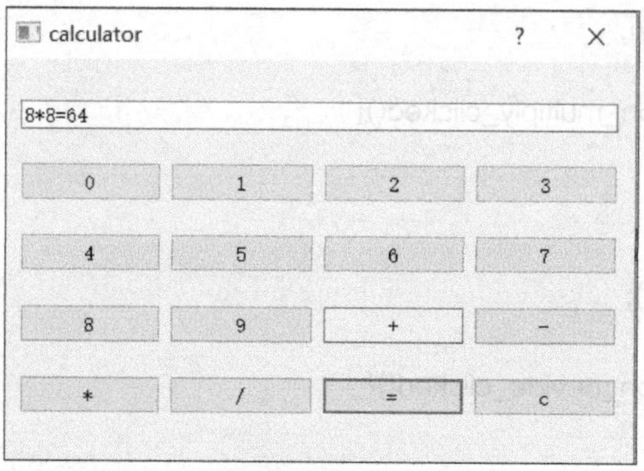

图 5-27  简易计算器程序运行结果

### 5.4.4  实验结论

这个简易计算器程序的巧妙之处在于通过 QGridLayout 进行行和列的控件布局，并将每个数字、计算符及操作符按钮进行了布局，避免了为每个控件重复添加实现信号和槽函数的连接，并通过按钮数组指针对按钮进行操作和信号获取，从而大大提高了编程效率，其代码量约为 190 行。

简易计算器的另一种实现方法是为每个数字添加按钮。这个程序读者自行阅读学习，其相对简单，但代码冗余较多，代码量约为 340 行。这个程序代码在配套资源中提供，作为例 5-7，供读者参照对比学习，这里不再介绍。

### 5.4.5  Qt Creator 更改默认构建目录

Qt Creator 更改默认构建目录，将可执行文件放入到工程目录下的方法为，在 Qt Creator 界面，单击菜单"工具"，然后单击"选项"，在弹出的图 5-28 中的 Default build directory 中输入"./%{CurrentBuild:Name}"即可，即将构建（编译）目录放在工程存放目录下，目录名为构建类型。

图 5-28  设置编译目录

# 5.5 小结

Qt 是一款优秀的跨平台开发框架，可在桌面、移动平台以及嵌入式平台上运行。本章 5.2 节的介绍，通过理论和项目实战详细讲解了 Qt 项目的创建过程、Qt 的项目组成，特别是 .pro 文件的编写过程和含义。5.3 节还重点介绍了 Qt 中非常重要的概念：信号和槽机制，先介绍信号和槽的使用，然后介绍应该如何自定义信号和槽函数，最后介绍如何利用 Lambda 表达式高效地编写程序。5.4 节融合本章知识点和内容，介绍了一个实用的 Qt 应用程序——简易计算器，通过这一节将前面的知识点全部连贯在一起。本章是学习使用 Qt 开发 GUI 应用程序的基础，也是非常重点的部分，读者应该加强学习和练习。

例 5-7 是简易计算器的另一种实现方法，它为每个数字添加单独的按钮，没有用到 QGridLayout 控件。这个程序读者可自行阅读学习，其相对简单，但代码冗余较多。

# 5.6 习题

1. Qt 中的信号和槽分别指的是什么？

2. 用 Qt 创建一个应用程序，实现输入十进制数字，在文本框中显示数字的二进制、八进制、十六进制。

3. 通过实现两个对话框互相发送消息的功能来熟悉 Qt 的信号和槽。具体功能：程序为单对话框程序，单击打开按钮可以再次打开一个对话框，两个对话框都有发送消息按钮、输入消息文本框及编辑消息文本框，并可实现互发消息的功能。

4. 试拓展例 5-6 的功能，要求实现多个整数的加、减、乘、除运算。

5. 试拓展例 5-6 的功能，要求实现多个浮点数的加、减、乘、除运算。

第 **6** 章

# Qt 可视化 UI 设计

　　在第 5 章中，创建一个窗口需要在代码块中声明，并且需要指定它的
大小和位置，所有的界面和控件都通过代码实现，通常需要多次的运行和
调试才能完成一个窗口用户界面（User Interface,UI）的设计，显然这很
不方便。本章将介绍 Qt 中一款非常实用的可视化工具——Qt Designer。
通过 Qt Designer 的可视化拖动、编辑操作可以很轻松地完成一个窗口
界面的设计。通过本章的学习和实战，读者能加强对 Qt 组件的运用能力，
并提高开发 Qt 窗口的效率。

本章主要内容和学习目标如下。

- Qt Creator 设计模式界面。
- 对话框。
- 事件。
- 绘图。
- 多窗体。
- 资源文件。

# 6.1 Qt Creator 设计模式界面

Qt Creator 提供了两个集成的可视化编辑器：用于通过 Qt Widget 生成 UI 的 Qt Designer，以及通过 QML 语言开发动态 UI 的 Qt Quick Designer。下面首先从 Qt Designer 开始介绍。

（1）创建项目 6-1，如图 6-1 所示，选择"Qt Widgets Application"，单击"Choose"按钮。进入图 6-2 所示界面后，选择基类 QMainWindow，并且勾选"Generate form"，单击"下一步"按钮，根据提示完成项目创建。

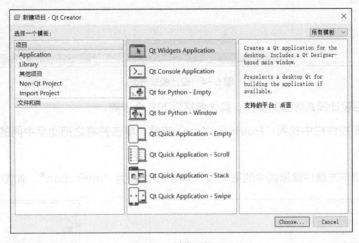

图 6-1 创建项目 6-1

（2）双击图 6-3 所示界面的"mainwindow.ui"，对界面进行设计。

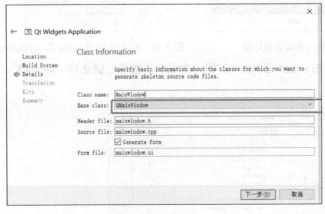

图 6-2 选择基类

图 6-3 双击"mainwindow.ui"

（3）进入 Qt Creator 的设计模式界面，如图 6-4 所示。

图 6-4 左侧为控件栏，有按钮、文本框、布局等控件，右侧上方为当前窗体的结构，右侧下方为当前选择控件的属性栏，有 objectName、enabled 等属性可编辑，正中间为窗体设计器，其下方为信号和槽的编辑器。在开发时，选择图 6-4 左上方的"编辑"选项，可以看到整个项目的文件树，然后可以从根据需要选择文件进行编辑。

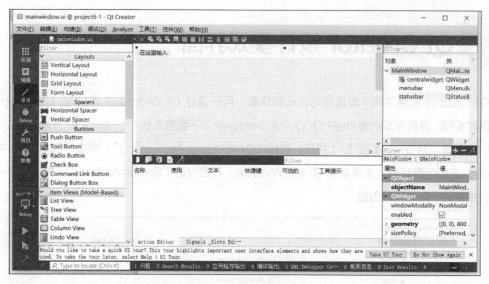

图 6-4　设计模式界面

下面简要介绍设计模式界面的操作，具体包括以下 6 个步骤。

（1）先从左侧控件栏中找到"Push Button"控件，单击并将之拖动至中间的窗体设计器，如图 6-5 所示。

（2）更改右侧下方属性编辑器中的第一项 objectName 为"myButton"，如图 6-6 所示。

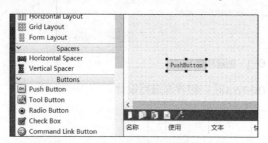

图 6-5　拖动 Push Button 至窗体设计器　　　图 6-6　更改 objectName 为 myButton

（3）在中间的窗体设计器中单击 Push Button 按钮，然后单击鼠标右键选择"转到槽"，选择"clicked()"信号，如图 6-7 所示。

图 6-7　选择"clicked()"信号

单击"OK"按钮后，Qt Creator 将跳转到编辑界面的 mainwindow.cpp 文件中，如图 6-8 所示。由图 6-8 可见，已经通过设计模式界面新增了对应信号的槽函数。

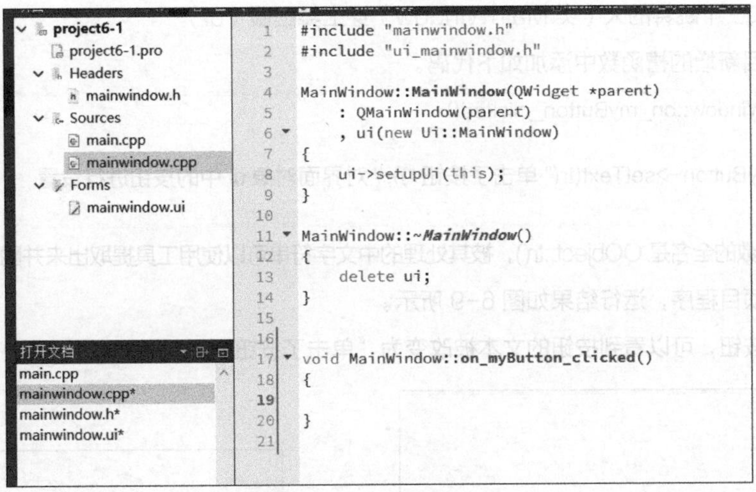

```
 1    #include "mainwindow.h"
 2    #include "ui_mainwindow.h"
 3
 4    MainWindow::MainWindow(QWidget *parent)
 5        : QMainWindow(parent)
 6        , ui(new Ui::MainWindow)
 7    {
 8        ui->setupUi(this);
 9    }
10
11    MainWindow::~MainWindow()
12    {
13        delete ui;
14    }
15
16
17    void MainWindow::on_myButton_clicked()
18    {
19
20
21    }
```

图 6-8  编辑槽函数

在 Qt 中，窗口和控件统称为部件。窗口是指程序的整体界面，可以包含标题栏、菜单栏、工具栏、关闭按钮、最小化按钮、最大化按钮等；控件是指按钮、复选框、文本框、表格、进度条等这些组成程序的基本元素。一个程序可以有多个窗口，一个窗口也可以有多个控件。

QWidget 是所有 UI 元素的基类，窗口和控件都是直接或间接继承自 QWidget。QObject 是 Qt 所有类的基类，而 QWidget 是用户界面最基本的组成部分：接收来自于操作系统的鼠标、键盘及其他事件，然后将自己绘制在屏幕上。如果一个 Widget 没有被嵌入到另外一个 Widget 中，那么这个 Widget 就构成一个独立的窗口 Window（parent 为 0），即顶层 Widget。

QMainWindow、QWidget、QDialog 这 3 个类就是用来创建窗口的，可以直接使用，也可以继承后再使用。QMainWindow 窗口可以包含菜单栏、工具栏、状态栏、标题栏等，是最常见的窗口形式，可以作为 GUI 程序的主窗口。QDialog 是对话框的基类，对话框主要用来执行短期任务，或与用户进行互动，它可以是模态的，也可以是非模态的。QDialog 没有菜单栏、工具栏、状态栏等。

下面对图 6-8 中的第 4 ~ 6 行代码进行解释，难点为派生类 MainWindow（用户自定义的界面控制类）的构造函数初始化参数列表。构造函数初始化参数列表以一个冒号开始，接着是以逗号分隔的数据成员列表，每个数据成员后面跟一个放在括号中的初始化式，此处 QMainWindow 是基类，而 MainWindow 是派生类，属继承关系。

MainWindow(QWidget *parent) 是类 MainWindow 的构造函数，即用户自定义的界面控制类。QMainWindow(parent) 是基类 QMainWindow 的构造函数，分别对基类和派生类初始化。parent 参数指定了 QMainWindow 的基类窗口部件，如果是 0，意味着该类没有基类对象。

对于第 6 行代码，Ui 为在 mainwindow.h 定义的命名空间，在类 MainWindow 的构造函数中定义；ui 为派生类 MainWindow 的初始化参数，类 MainWindow 的对象，该语句对其初始化。C++派生类构造函数语法详见 3.4.1 节。

对于第 8 行代码，this 表示这个类为其所代表的对话框创建界面，执行了 Ui::Widget 类的

setupUi() 函数，这个函数是 .ui 文件所生成类的构造函数，其作用是对界面初始化，画出 Qt 设计器里设计的窗体，实现窗口的生成与各种属性的设置、信号与槽的关联，即将窗体与类 MainWindow 进行结合，就如一个跳舞的人（类 MainWindow）穿上舞蹈服（ui）。

（4）在项目新增的槽函数中添加如下代码。

```
void MainWindow::on_myButton_clicked()
{
    ui->myButton->setText(tr(" 单击了按钮 "));// 对界面对象 ui 中的按钮进行设置
}
```

其中 tr() 函数的全名是 QObject::tr()，被其处理的中文字符串可以使用工具提取出来并翻译成其他语言。

（5）运行项目程序，运行结果如图 6-9 所示。

（6）单击按钮，可以看到按钮的文本被改变为"单击了按钮"，如图 6-10 所示。

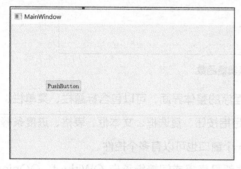

图 6-9　运行结果

图 6-10　单击按钮后的按钮文本显示

至此，Qt Creator 的设计模式界面的操作流程介绍完毕，下面开始介绍常用控件。

### · 6.1.1　类提升

Qt 的设计模式使用起来非常方便，通过鼠标即可完成窗体的简要设计。但在某些重复使用的情况下，这种模式显得比较枯燥。如在一个注册页面，密码框需要设置两个，密码框的属性是一样的，但在 Qt 设计模式下，需要在对象属性栏修改两次。Qt 为此设计了一种类提升的方式，具体操作过程通过例 6-1 进行说明。

例 6-1：类提升。

（1）在项目 6-1 中创建一个 C++ 的类，命名为"MyPasswordLineEdit"，在头文件中添加：

```
#include <QLineEdit>
#include <QWidget>
class MyPasswordLineEdit : public QLineEdit
{
    Q_OBJECT
public:
    MyPasswordLineEdit(QWidget* parent);
};
```

（2）右键单击"MyPasswordLineEdit"的构造函数这一行，选择"Refactor"添加定义（即重写构造函数）：

```
MyPasswordLineEdit::MyPasswordLineEdit(QWidget *parent) : QLineEdit(parent)
{
    setEchoMode(QLineEdit::Password);// 输入密码显示成星号

}
```

（3）在设计模式界面添加文本框，并右键单击文本框，在弹出的快捷菜单中选择"提升为 ..."，如图 6-11 所示。

（4）在弹出的对话框中选择基类，填入类名，单击"Add"按钮，如图 6-12 所示。

图 6-11　选择"提升为 ..."　　　　　　　　　图 6-12　填入类名

（5）选择"Global include"如图 6-13 所示。

图 6-13　选择"Global include"

（6）此时在界面可以看到，控件对象"lineEdit"和"lineEdit_2"的类均变成了 MyPassword-LineEdit，如图 6-14 所示。

（7）在 UI 中，设计结果如图 6-15 所示。

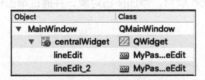
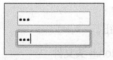

图 6-14　控件对象的类　　　　　　　图 6-15　设计结果

两个文本框都变为密码框，通过将密码框的 LineEdit 类提升为 MyPasswordLineEdit，这样每个密码框就拥有了相同的规则，而且更改规则更简单，只需更改一处即可。此时在 Qt 生成的头文件 *.pro 里面，已经包含了 mypasswordlineedit.h。

所谓部件提升为类，就是在已有的部件所对应的类的基础上，通过对其进行继承，改变其属性或者方法，使之成为新的类，即新的控件。

· 6.1.2　按钮

按钮是 UI 设计中一个很重要的控件，Qt 中对应的按钮类是 QPushButton，同时可以作为用户自定义的按钮类的基类使用，其构造函数如下。

```
QPushButton ( QWidget * parent = 0 ); // 指定基类对象，默认为空
QPushButton ( const QString & text, QWidget * parent = 0 );// 指定显示文本和基类对象
// 指定显示图标、文本和基类对象
QPushButton ( const QIcon & icon, const QString & text, QWidget * parent = 0 );
```

其常用的属性和方法如下。

（1）QString text () const：返回按钮上的文字。

（2）void setText ( const QString & text )：设置按钮上的文字。

（3）bool autoDefault() const：autoDefault 属性，它会影响按钮的外观。

（4）void setAutoDefault(bool)：设置 autoDefault 属性。

（5）bool isDefault() const：default 属性，此属性仅在 Dialog 中有效。

（6）void setDefault(bool)：设置 default 属性。

（7）void setFlat(bool)：设置 Flat 属性。

（8）bool isFlat() const：设置按钮的外观是否有突起。

上述各属性设置后按钮的显示情况如图 6-16 所示。

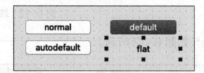

图 6-16　各属性设置后按钮的显示情况

QPushButton 常用信号有 clicked()、pressed()、released() 及 toggled()。clicked() 就是鼠标单击，包含了按下 pressed() 和释放 released()。toggled() 信号触发的前提是按钮的 Checkable 属性要设置成 true。在这 4 个信号中 pressed() 最先执行，相当于按下操作，按下之后，按钮状态发生变化，触发 toggled()，然后是 released()，clicked() 则最后执行。

例 6-2 所示代码为生成一个 custombutton 项目，添加按钮对象，并通过单击信号连接槽函数，改变其显示文本。

例 6-2：按钮。

```
//custombutton.h 头文件
#include <QPushButton>
#include <QMouseEvent>
class CustomButton : public QPushButton
{
    Q_OBJECT
public:
    CustomButton(QWidget *parent = 0);
private slots:
    void onButtonClicked();
protected:
    void mousePressEvent(QMouseEvent *event);
};
```

custombutton.cpp 源文件代码如下。

```
#include "custombutton.h"
```

```
#include <QDebug>// 把调试信息直接输出到控制台上
CustomButton::CustomButton(QWidget *parent) :
    QPushButton(parent)
{
    connect(this, &CustomButton::clicked,
            this, &CustomButton::onButtonClicked);
// 将单击发出的信号与槽函数相连
}
void CustomButton::onButtonClicked()
{
    qDebug() << "You clicked this!";
}
void CustomButton::mousePressEvent(QMouseEvent *event)
{
    if (event->button() == Qt::LeftButton) {
        qDebug() << "left";
    } else {
        QPushButton::mousePressEvent(event);
    }
}
```

main.cpp 源文件代码如下。

```
#include "widget.h"
#include <QApplication>
#include "custombutton.h"
int main(int argc, char *argv[])
{
    QApplication a(argc, argv);
    Widget w;
    CustomButton btn;// 定义一个按钮
    btn.setText("This is a Button!");// 设置显示文本
    btn.show();// 显示按钮
    return a.exec();
}
```

例 6-2 运行结果如图 6-17 所示。

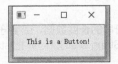

图 6-17　例 6-2 运行结果

## · 6.1.3　数值输入和显示组件

C++ 提供了两种字符串的实现方式：一种是 C 风格的字符串，以"\0"结尾；另一种是 C++ 引入的 String 类型，即标准模板库中的类。Qt 则提供了自己的字符串实现方式——QString。采用 QString，用户不用担心内存分配和关于"\0"结尾等注意事项。另外，与 C 风格的字符串不同，QString 中间是可以包含"\0"的，而 length() 函数则会返回整个字符串的长度数据，不仅仅是从开始到"\0"的长度。Qt 中数值的输入可通过输入一个 QString 来转换为数字，具体示例如下。

### ■ 1. 数值转换

```
#include <QApplication>
#include <iostream>
using namespace std;
int main(int argc, char *argv[])
{
    QString str = "123.45";
    double val = str.toFloat();
    cout<< val<<endl; //123.45
    bool ok;
    double d = QString("1234.56e-02").toDouble(&ok); //ok=true;d=12.3456;
    std::cout<<d<<' '<<ok<<endl;
}
```

同时，十六进制的转换也十分方便。

```
Qstring str="FF";
bool ok;
int dec=str.toInt(&ok,10); //ok=false，FF 不属于十进制
int hex =str.toInt(&ok,16); //hex=255;ok=true;
// 将数字转换为 QString
#include <QApplication>
#include <iostream>
#include <QDebug>
using namespace std;
int main(int argc, char *argv[])
{
    long a =63;
    QString str=QString::number(a,16); //str="3f";
    qDebug() << str;
    str=QString::number(a,16).toUpper(); //str="3F";
    qDebug() <<str;
}
```

### ■ 2. QString 类

QString 还有许多函数可以使用，如 bool isNull() 表示如果字符串为空则返回真（true）。

```
QString a;        // a.unicode() = = 0, a.length() = = 0
a.isNull();       // 真，因为 a.unicode() = = 0
a.isEmpty();      // 真
uint QString::length();      // 返回字符串的长度数据，空字符串长度为 0
QString & QString::append(const QString & str);      // 把 str 添加到字符串中并返回结果的引用
QString string = "Test";
string.append( "ing" );      // string == "Testing"
QChar QString::at(uint i) const // 返回在索引 "i" 处的字符，如果该字符的长度超过字符串的长度则
// 返回 0
const QString string( "abcdefgh" );
QChar ch = string.at( 4 );
// ch == 'e'
QString toLower(); // 转换为小写
QString toUpper(); // 转换成大写
QString string( "TROlltECH" );
str = string.toLower();   // str = "trolltech"
// 字符串值比较 compare
```

```
QString::compare("ab","ab"); // 值为 0
QString::compare ( "ab", "df"); // 值 <0
QString::compare("df","ab"); // 值 >0
```

### ■ 3. QLabel

QLabel 为标签类，其槽函数有 linkActivated() 与 linkHovered()，但并不常用；其事件与 Qt 抽象类 QObject 相同。例 6-3 给出了在新建工程后，放入一个 QLabel，对其进行提升，以及对新类 EventLabel 的操作过程。此例涉及获取鼠标的位置和坐标系统，这里先补充相关知识，鼠标事件坐标以当前窗体左上角为原点（计算机坐标或屏幕坐标是以屏幕左上角为原点），X 表示向右增加，Y 表示向下增加，具体如下。

```
event->x(),event->y()// 表示获取鼠标相对于当前空间左上角的坐标
event->globalX(),event->globalY();// 得出鼠标相对于屏幕左上角的位置 (X,Y)
```

QtDesigner 屏幕和窗体坐标体系如图 6-18 所示。

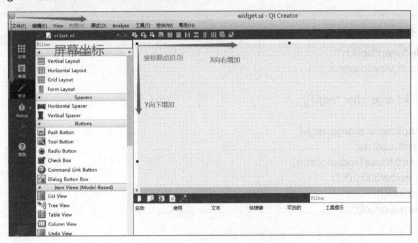

图 6-18　屏幕和窗体坐标体系

嵌套窗口的坐标是相对于基类对象窗口来说的。

例 6-3 为一个鼠标移动获取坐标的程序。首先创建一个基类为 QWidget 的项目 6-3，并添加一个名为 eventlabel 的类，具体代码如下。其中的 <center>、</center>，以及 <h1>、</h1> 所在行使用的是超文本标记语言 (HyperText Markup Language，HTML)，将结果设置为"居中"和"标题"。

例 6-3：鼠标移动获取坐标。

```
//eventlabel.h
#include <QLabel>
#include <QMouseEvent>
class EventLabel : public QLabel
{
protected:
    void mouseMoveEvent(QMouseEvent *event);// 鼠标移动到上方触发
    void mousePressEvent(QMouseEvent *event);// 鼠标单击事件
    void mouseReleaseEvent(QMouseEvent *event);// 鼠标释放事件
};
```

eventlabel.cpp 文件代码如下。

```
#include "qlabel.h"
void EventLabel::mouseMoveEvent(QMouseEvent *event)
```

141

```
    {
        this->setText(QString("<center><h1>Move: (%1, %2)</h1></center>")
                        .arg(QString::number(event->x()), QString::number(event->y())));
    }
    void EventLabel::mousePressEvent(QMouseEvent *event)
    {
        this->setText(QString("<center><h1>Press: (%1, %2)</h1></center>")
                        .arg(QString::number(event->x()), QString::number(event->y())));
    }
    void EventLabel::mouseReleaseEvent(QMouseEvent *event)
    {
        QString msg;
        msg.sprintf("<center><h1>Release: (%d, %d)</h1></center>",
                        event->x(), event->y());
        this->setText(msg);
    }
```

main.cpp 文件代码如下。

```cpp
#include "eventlabel.h"
#include <QApplication>

int main(int argc, char *argv[])
{
    QApplication a(argc, argv);
    EventLabel aa;
    aa.setMouseTracking(true);
    aa.resize(500,200);
    aa.show();
    return a.exec();
}
```

例 6-3 运行结果如图 6-19 所示。

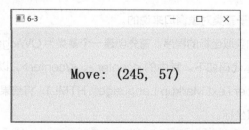

图 6-19　例 6-3 运行结果

### ■ 4. LineEdit

LineEdit 的槽信号有很多，举例如下。

```
cursorPositionChanged(int,int); // 光标位置改变
editingFinished(); // 编辑完成
returnPress(); // 按 "Enter" 键
selectionChanged(); // 选择框改变
textChanged(QString); // 文本改变
textEdited(QString); // 编辑文本
```

在设计模式界面中分别拖入窗体设计器一个 "LineEdit" 控件和一个 "Label" 控件，如图 6-20 所示。

右键单击 "LineEdit" 控件，在弹出的快捷菜单中选择 "转到槽"，在展开的 "转到槽" 界面选

择"textChanged(QString)",单击"OK"按钮,输入下面一行代码。

> ui->label->setText(arg1);// 将 LineEdit 控件中的文本作为参数传入

运行该程序时,当 LineEdit 控件通过键盘输入发生变化时,Label 控件与之同步变化。

程序运行结果如图 6-21 所示。

图 6-20 拖入控件

图 6-21 程序运行结果

· 6.1.4 选项和布局

下面对 Qt 中的选项和布局控件进行介绍。

■ 1. 复选框与单选框

复选框 CheckBox 控件继承 Qt 的抽象类 QAbstractButton,其槽函数与 PushButton 的类似,其 stateChanged() 槽信号用于检测选择状态的变化,通过 isCheck() 方法判定其是否被选择。

与复选框 CheckBox 对应的为单选框 RadioButton,需要被包含在 GroupBox 组件中。UI 设计如图 6-22 所示。

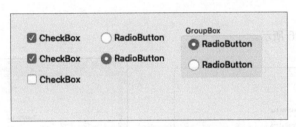

图 6-22 复选框与单选框

■ 2. 布局

Qt 的界面设计使用了布局功能。所谓布局,就是界面上组件的排列方式。使用布局可以使组件有规则地分布,并且随着窗体的大小变化自动调整大小和相对位置。布局是 GUI 设计的必备技巧,具体组件和功能如表 6-1 所示。

表 6-1 组件面板上用于布局的组件及功能

| 组件 | 功能 |
| --- | --- |
| Vertical Layout | 垂直方向布局,组件自动在垂直方向上分布 |
| Horizontal Layout | 水平方向布局,组件自动在水平方向上分布 |
| Grid Layout | 网格状布局,网格状布局大小改变时,每个网格的大小都改变 |
| Form Layout | 窗体布局,与网格状布局类似,但是只有最右侧的一列网格会改变大小 |
| Horizontal Spacer | 用于水平分隔的空格 |
| Vertical Spacer | 用于垂直分隔的空格 |

下面通过一个例子进行讲解，具体步骤如下。

（1）首先创建一个基类为 QWidget 的项目，然后单击窗体设计器上方的垂直布局，如图6-23 所示。

图6-23 垂直布局

（2）放入一个垂直布局组件，如图6-24 所示。

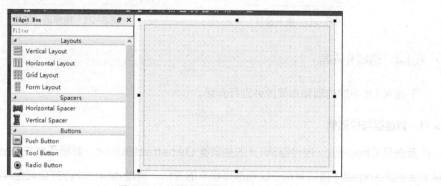

图6-24 垂直布局设计

（3）放入3个按钮（"Push Button"），并在上方和下方放入2个"Vertical Spacer"，具体如图6-25 所示。

运行结果如图6-26 所示。

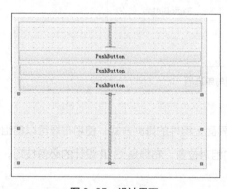

图6-25 设计界面

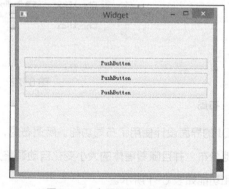

图6-26 布局设计运行结果

程序运行后，缩放窗口大小时，各组件可自动调整大小。

## · 6.1.5 进度条

进度条在处理任务时，以图片形式实时显示处理任务的速度和完成度。Qt 提供了两种显示进度条的方式：一种是 QProgressBar，提供了横向或者纵向显示进度的表示方式；另一种是QProgressDialog，提供了对话框的表示方式，用于描述任务完成的进度。标准的进度条对话框包括一个进度显示条、一个取消按钮及一个标签，具体函数如下，具体实例见例6-5。

```
progressbar = new QProgressBar;// 创建一个进度条
progressbar->setRange(0,100); // 设置进度条取值范围
progressbar->setMinimum(0); // 设置进度条最小值
progressbar->setMaximum(100); // 设置进度条最大值
progressbar->setValue(50); // 设置当前的运行值
progressbar->reset(); // 让进度条重新回到开始位置
progressbar->setOrientation(Qt::Horizontal); // 水平方向
progressbar->setOrientation(Qt::Vertical); // 垂直方向
progressbar->setAlignment(Qt::AlignVCenter); // 对齐方式
progressbar->setTextVisible(false); // 隐藏进度条文本
progressbar->setFixedSize(258,5); // 进度条固定大小
progressbar->setInvertedAppearance(true); //true：反方向; false：正方向
progressbar->setVisible(false); //false：隐藏进度条; true：显示进度条
```

## · 6.1.6 微调盒和滑动条

QSpinBox 类可用于显示和输入整数，并可以在显示框中添加前缀或后缀。QSpinBox 类是 QAbstractSpinBox 类的派生类。QSlider 部件提供了一个水平或垂直滑动条，允许用户沿水平或垂直方向移动滑块，并将滑块所在的位置转换成一个合法范围内的值。

下面通过一个 QSpinBox 和 QSlider 关联的例子，实现移动滑动条，微调盒中的数据相应变化，或者在微调盒中输入一个数值，滑块条也相应变化。见例 6-4，首先创建一个基类为 QWidget 的项目 6-4，在 widget.cpp 的构造函数中修改后的代码如下。

例 6-4：微调盒和滑动条。

```
ui->setupUi(this);
QSpinBox *spinbox=new QSpinBox;
spinbox->setRange(0,100);// 设置范围
spinbox->resize(200,30);// 设置大小
spinbox->setParent(this);// 设置父类对象
spinbox->setValue(50); // 设置初始值
QSlider *slider=new QSlider(Qt::Horizontal);
slider->setRange(0,100);
slider->resize(200,30);
slider->setParent(this);
slider->setValue(50); // 设置初始值
connect(spinbox,SIGNAL(valueChanged(int)),slider,SLOT(setValue(int)));//spinbox 移动与 slider 值关联
connect(slider,SIGNAL(valueChanged(int)),spinbox,SLOT(setValue(int)));/slider 移动与 spinbox 值关联
// 布局设置
// 在水平方向上从左到右排列窗口部件 QHBoxLayout
// 在竖直方向上从上至下排列窗口部件 QVBoxLayout
// 把各个窗口部件排列在一个网格中
QHBoxLayout *layout=new QHBoxLayout;
layout->addWidget(spinbox);
layout->addWidget(slider);
this->setLayout(layout);
```

上述代码中添加了详细的说明，实现了 2 个控件的联动，程序运行结果如图 6-27 所示。

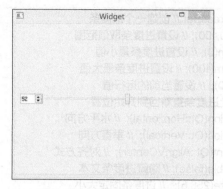

图6-27　微调盒和滑动条联动

### · 6.1.7　定时器和时间获取

定时器是一种用来处理周期性事件的对象，类似于硬件定时器。如设置一个定时器的定时周期为1000ms，那么每1000ms就会发射定时器的timeout()信号，在信号关联的槽函数里就可以做相应的处理。Qt中的定时器类是Qtimer，下面通过例6-5介绍定时器的使用方法。

例6-5：定时器。

例6-5中有3个定时器，其中定时器1在计数后停止，而定时器2一直进行计数，并在QLabel中显示。程序设计步骤描述如下。

（1）首先创建一个基类为MainWindow的项目，在设计模式界面的窗体设计器中添加两个QLabel控件，一个QProgressBar控件，QProgressBar控件的最大值和最小值分别设置为100和0，QProgressBar控件的设置如图6-28所示。

程序界面设计如图6-29所示。

图6-28　QProgressBar控件设置

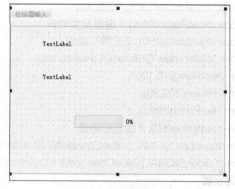

图6-29　程序界面设计

（2）修改mainwindow.h，添加定时器事件处理函数和定时器变量，具体如下。

```
public:
    void timerEvent(QTimerEvent * e);
private:
    int timerId1,timerId2,timerId3;
```

（3）修改mainwindow.cpp，添加定时器事件处理代码，具体如下。

```cpp
//mainwindow.cpp
#include "mainwindow.h"
#include "ui_mainwindow.h"
MainWindow::MainWindow(QWidget *parent) :
    QMainWindow(parent),
    ui(new Ui::MainWindow)
{
    ui->setupUi(this);
    //ms 为单位，每隔 1s 触发一次定时器事件，返回定时器的 ID
    timerId1 = this->startTimer(1000);
    //ms 为单位，每隔 0.5s 触发一次定时器事件
    timerId2 = this->startTimer(500);
    //ms 为单位，每隔 1s 触发一次定时器事件
    timerId3 = this->startTimer(1000);
}
MainWindow:: ~ MainWindow()
{
    delete ui;
}
void MainWindow::timerEvent(QTimerEvent *e) {
    if(e->timerId() == this->timerId1)
    {
        static int sec = 0;
        ui->label->setText(
            QString("<center><h1>timer 1 out: %1</h1></center>").arg(seC++));
        if(5 == sec)
        {
            // 停止定时器
            this->killTimer(this->timerId1);
        }
    }
    else if(e->timerId() == this->timerId2)
    {
        static int sec = 0;
        ui->label_2->setText(
            QString("<center><h1>timer 2 out: %1</h1></center>").arg(seC++));
    }
    else if(e->timerId() == this->timerId3)
    {
        static int i = 0;// 定义静态变量用于计数
        if (i<101)
        {
            ui->progressBar->setValue(i++);
        }
        else
        i=0;
    }
}
```

在这个程序中，定时器 1 从 0 开始计数，并通过 "label" 显示，达到 4 后停止；而定时器 2 一直进行计数，并在 "label_2" 中显示；定时器 3 从 0 开始计数，并将值在 "progressBar" 上显示，当值达到 100 后，重新开始计数。程序运行结果如图 6-30 所示。

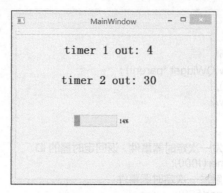

图 6-30　程序运行结果

### · 6.1.8　悬停窗口

　　QDockWidget 类提供了一个窗体部件，其可以停靠在 QMainWindow 窗口，或其本身可作为一个在桌面上的顶级窗口（也就是基类窗体）。Dock Windows 可以在几个区域中移动，或者是悬停。

　　QDockWidget 停靠区域组件：QDockWidget 是可以在 QMainWindow 窗口停靠，或在桌面最上层浮动的界面组件；如可以将一个 QTreeWidget 组件放置在 QDockWidget 区域中，设置其可以在主窗口的左侧或右侧停靠，也可以悬停。

　　在 UI 设计器里对 DockWidget 组件的主要属性进行设置，其主要属性如下。

　　（1）allowedAreas 属性：设置允许停靠区域。

　　由函数 setAllowedAreas(Qt::DockWidgetAreas areas) 设置允许停靠区域，参数 areas 是枚举类型 Qt::DockWidgetArea 的值的组合，可以设置在窗口的左、右、顶、底停靠，或所有区域都可停靠，或不允许停靠。

　　（2）features 属性：设置停靠区域组件的特性。

　　由 setFeatures(DockWidgetFeatures features) 函数设置停靠区域组件的特性，参数 features 是枚举类型 QDockWidget::DockWidgetFeature 的值的组合，枚举值如下。

- QDockWidget::DockWidgetClosable：停靠区域可关闭。
- QDockWidget::DockWidgetMovable：停靠区域可移动。
- QDockWidget::DockWidgetFloatable：停靠区域可悬停。
- QDockWidget::DockWidgetVerticalTitleBar：在停靠区域左侧显示垂直标题栏。
- QDockWidget::AllDockWidgetFeatures：使用以上所有特征。
- QDockWidget::NoDockWidgetFeatures：不能停靠、移动或关闭。

　　例 6-6 实现了在 QmainWindow 悬停 QDockWidget，QDockWidget 组件中悬停了一个文本编辑框组件。

　　例 6-6：悬停。

```
//mainwindow.h
#ifndef MAINWINDOW_H
#define MAINWINDOW_H
```

```
#include <QMainWindow>
namespace Ui {
class MainWindow;
}
class MainWindow : public QMainWindow
{
    Q_OBJECT
public:
    explicit MainWindow(QWidget *parent = 0);
    ~ MainWindow();
private:
    Ui::MainWindow *ui;
};
#endif // MAINWINDOW_H
```

mainwindow.cpp 文件代码如下。

```
#include "mainwindow.h"
// 核心控件
#include <QTextEdit>
// 悬停窗口
#include <QDockWidget>
MainWindow::MainWindow(QWidget *parent)
    : QMainWindow(parent)
{
    resize(300,200);
    // 悬停窗口
    QDockWidget *dock = new QDockWidget(this);
    addDockWidget(Qt::RightDockWidgetArea, dock);
    // 往悬停窗口里添加文本编辑区
    QTextEdit *textEdit1 = new QTextEdit(this);
    dock->setWidget(textEdit1);
}
MainWindow:: ~ MainWindow()
{
}
```

例 6-6 运行结果如图 6-31 所示。

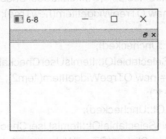

图 6-31 例 6-6 运行结果

· 6.1.9 树形结构

在 Qt 中可使用 QTreeWidget 类（也可以使用 QTreeView 类）实现树形结构，QTreeWidget
继承自 QTreeView 类。下面通过例 6-7 来介绍 Qt 中的树形结构 QTreeWidget 类。

例6-7：树形结构。

创建一个基类为QMainwindow的项目6-7，在头文件中添加如下代码。

```
//mainwindow.h
#include <QMainWindow>
#include <QTreeWidgetItem>
public:
    void init();
private slots:
    void treeCheck(QTreeWidgetItem *item, int column);
    void PartiallyCheck(QTreeWidgetItem *item);
```

在mainwindow.cpp中添加上面3个函数的具体实现内容。

```
// 初始化控件函数
void MainWindow::init()
{
    QTreeWidget *newTree = new QTreeWidget(this);          // 在当前的类里创建一个树控件
    newTree->headerItem()->setText(0,QString());// 设置表头为空
    newTree->setGeometry(0,0,400,240);// 设置起始坐标和大小
    QStringList headers;
    headers<<"item"<<"type1"<<"type2";
    newTree->setHeaderLabels(headers);                     // 添加树表的表头
    QTreeWidgetItem *item1 = new QTreeWidgetItem(newTree);       // 创建第一个父节点
    item1->setText(0,"item1");
    item1->setCheckState(0,Qt::Unchecked);                 // 添加复选框，起始为未勾选
    item1->setFlags(Qt::ItemIsSelectable|Qt::ItemIsUserCheckable|Qt::ItemIsEnabled);
    //Qt::ItemIsSelectable 表示可选的
    //Qt::ItemIsUserCheckable 表示是否有复选框
    //Qt::ItemIsEnabled 表示是否没有被禁用（Enabled 表示可用，Disabled 表示禁用）
    QTreeWidgetItem *item1_1 = new QTreeWidgetItem(item1);       // 添加子节点
    item1_1->setText(0,"item1-1");
    item1_1->setCheckState(0,Qt::Unchecked);
    item1_1->setFlags(Qt::ItemIsSelectable|Qt::ItemIsUserCheckable|Qt::ItemIsEnabled);
    QTreeWidgetItem *item1_2 = new QTreeWidgetItem(item1);
    item1_2->setText(0,"item1-2");
    item1_2->setCheckState(0,Qt::Unchecked);
    item1_2->setFlags(Qt::ItemIsSelectable|Qt::ItemIsUserCheckable|Qt::ItemIsEnabled);
    QTreeWidgetItem *item2 = new QTreeWidgetItem(newTree);
    item2->setText(0,"item2");
    item2->setCheckState(0,Qt::Unchecked);
    item2->setFlags(Qt::ItemIsSelectable|Qt::ItemIsUserCheckable|Qt::ItemIsEnabled);
    QTreeWidgetItem *item2_1 = new QTreeWidgetItem(item2);
    item2_1->setText(0,"item2-1");
    item2_1->setCheckState(0,Qt::Unchecked);
    item2_1->setFlags(Qt::ItemIsSelectable|Qt::ItemIsUserCheckable|Qt::ItemIsEnabled);
    connect(newTree,SIGNAL(itemClicked(QTreeWidgetItem *, int)),this,SLOT(treeCheck
(QTreeWidgetItem *, int)));
}
// 再定义选择之后的关系处理
void MainWindow::treeCheck(QTreeWidgetItem *item, int column)
{
    if(Qt::Checked == item->checkState(0))                 // 若被选择
```

```
        {
            int count = item->childCount();           // 得到选择的子节点个数
            if(count>0)              // 若大于 0，说明选择的是父节点，则将全部的子节点选中
            {
                for (int i = 0;i<count;i++) {
                    item->child(i)->setCheckState(0,Qt::Checked);
                }
            }
            else {                                    // 否则选择的是子节点
                PartiallyCheck(item);                 // 将节点传到函数中进行其他操作
            }
        }
        else if(Qt::Unchecked == item->checkState(0)){   // 没有被选择
            int count = item->childCount();
            if(count>0)
            {
                for (int i = 0;i<count;i++) {
                    item->child(i)->setCheckState(0,Qt::Unchecked);
                }
            }
            else {
                PartiallyCheck(item);
            }
        }
    }
}
void MainWindow::PartiallyCheck(QTreeWidgetItem *item)
{
    QTreeWidgetItem *parent = item->parent();
    if(parent==nullptr)// 为空则是父节点
        return;
    int selectedCount = 0;                   // 记录被选择的子节点个数
    int count = parent->childCount();        // 记录子节点个数
    for (int i = 0;i<count ;i++) {           // 父节点下的所有子节点，记录选择的子节点个数
        if(parent->child(i)->checkState(0)==Qt::Checked)
            selectedCount++;
    }
    if(selectedCount<=0)             // 等于 0 说明没有子节点被选择，则将父节点取消选择
        parent->setCheckState(0,Qt::Unchecked);
     else if(selectedCount>0&&selectedCount<count)  // 说明选择了一部分，则将父节点设置为半
// 选择
        parent->setCheckState(0,Qt::PartiallyChecked);
    else {                                   // 否则，全选
        parent->setCheckState(0,Qt::Checked);
    }
}
```

程序运行结果如图 6-32 所示。

图 6-32　程序运行结果

### · 6.1.10　菜单栏、工具栏及状态栏

　　菜单栏、工具栏及状态栏，可以让应用程序快速进入进行相应处理的函数。菜单栏为一种树形结构，单击以后即可显示出菜单项，通过菜单项为软件的大多数功能提供功能入口；工具栏一般在菜单栏下方，可通过按钮形式快速进入相应的功能操作；状态栏包含文本输出窗格或"指示器"，位于每个窗口、程序操作界面的最底端。

　　由于用户期望每个命令都能以相同的方式执行，而不管命令所使用的 UI，QAction 类提供了抽象的 UI Actions，可以被放置在窗口部件中，此时使用 Actions 来表示这些命令就显得十分有用。如图 6-33 所示，Actions 可以被添加到菜单栏和工具栏中，并且可以自动保持在菜单栏和工具栏中同步。如在 Word 中，如果用户在工具栏中按下了 Bold 按钮，那么菜单栏中的 Bold 选项就会自动被选择。Actions 可以作为独立的对象被创建，也可在构建菜单的时候创建。

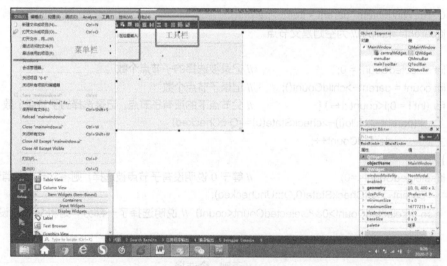

图 6-33　菜单栏和工具栏

　　例 6-8：菜单栏、工具栏及状态栏。

　　例 6-8 给出了一个菜单栏、工具栏及状态栏的例子，首先创建基类为 MainWindow 的项目，然后在设计模式下编辑 mainwindow.cpp，代码修改后如下。

```cpp
#include "mainwindow.h"// 菜单栏头文件
#include <QMenuBar>// 表示菜单的类 QMenuBar
#include <QMenu>// 表示菜单项的类 QMenuBar
#include <QAction>
#include <QDebug>// 输出调试信息的头文件
#include <QToolBar>// 工具栏
#include <QPushButton>
#include <QStatusBar>// 状态栏
#include <QLabel>
// 核心控件
#include <QTextEdit>
// 悬停窗口
#include <QDockWidget>
MainWindow::MainWindow(QWidget *parent)
    : QMainWindow(parent)
{
    resize(300,200);
    // 菜单栏
    QMenuBar *mBar = menuBar();
    // 添加菜单
    QMenu *pFile = mBar->addMenu(" 文件 ");
    QAction *popen = pFile->addAction(" 打开 ");
    connect(popen, &QAction::triggered,
        //Lambda 表达式
        [=]()
        {
            qDebug() << "open";// 添加具体操作，输出“open”
        }
        );
    pFile->addSeparator();// 添加菜单项的分割线
    // 添加一个菜单项，添加动作
    QAction *pexit = pFile->addAction(" 退出 ");
    connect(pexit, &QAction::triggered,
        //Lambda 表达式
        [=]()
        {
            this->close();// 关闭窗口
        }
        );
    // 工具栏、菜单栏的快捷方式
    QToolBar *tBar = addToolBar("toolBar");
    // 工具栏添加快捷键
    tBar->addAction(popen);
    QPushButton *b = new QPushButton(this);
    b->setText("^-^");
    // 添加小控件
    tBar->addWidget(b);
    connect(b,&QPushButton::clicked,
            [=]()
            {
                b->setText("abc");
            }
            );
    // 状态栏
```

```
        QStatusBar *qSBar = statusBar();
        QLabel *label = new QLabel(this);// 分配空间，指定父对象
        label->setText("GZHU");
        qSBar->addWidget(label);
        // 直接添加，并指定父基类对象，默认从左到右
        qSBar->addWidget(new QLabel("2",this));
        // 从右往左添加
        qSBar->addPermanentWidget(new QLabel("Coded Liang",this));
        // 核心控件，添加了文本编辑区 1
        QTextEdit *textEdit = new QTextEdit(this);
        setCentralWidget(textEdit);
        // 悬停窗口可参见 6.1.8 小节
        QDockWidget *dock = new QDockWidget(this);
        addDockWidget(Qt::RightDockWidgetArea, dock);
        // 往悬停窗口里添加文本编辑区 2
        QTextEdit *textEdit1= new QTextEdit(this);
        dock->setWidget(textEdit1);
}
MainWindow:: ~ MainWindow() {
}
```

菜单栏也可以基于 GUI 程序设计。创建项目时，基类直接选择默认的"MainWindow"，然后双击"mainwindow.ui"，就可以进行设计了。但下拉菜单无法直接输入中文，需要在其他地方输入中文后复制过来，按"Enter"键确认即可。菜单设计如图 6-34 所示。

图 6-34　菜单设计

然后在下方的"Action Editor"中找到菜单栏的动作选项即可，如图 6-35 所示。

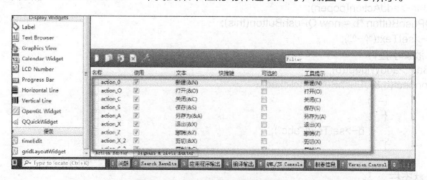

图 6-35　添加菜单栏的动作选项

通过这个程序，我们可总结出对菜单栏的具体操作为，首先创建菜单栏，然后添加菜单栏，最后是添加具体的菜单项和对应的操作。

# 6.2 对话框

对话框是 GUI 程序设计中不可或缺的组成部分，很多不能或者不适合放入主窗口的功能组件都必须放在对话框中。对话框通常是一个顶层窗口，出现在程序最上层，用于实现短期任务或者简洁的用户交互。

Qt 使用 QDialog 类实现对话框，通常会设计一个类继承 QDialog 类。QDialog 类（及其派生类，以及所有 Qt::Dialog 类型的类）对其 parent 指针都有额外的解释：如果 parent 为 NULL，则该对话框会作为一个顶层窗口，否则作为其父组件的子对话框（此时，其默认出现的位置是 parent 的中心）。顶层窗口与非顶层窗口的区别在于，顶层窗口在任务栏有自己的位置，而非顶层窗口则会共享其父组件的位置。

Qt 为应用程序设计提供了一些常用的标准对话框，如打开文件对话框、选择颜色对话框、信息提示和确认选择对话框、标准输入对话框等，用户无须再自己设计这些常用的对话框，这样可以减少程序设计的工作量。

## · 6.2.1 模态和非模态对话框

对话框分为模态对话框和非模态对话框。模态对话框会阻塞同一应用程序中其他窗口的输入。模态对话框很常见，如"打开文件"功能。读者可以尝试在记事本中打开文件，当打开文件对话框出现时，是不能对除此对话框之外的窗口部分进行操作的。与此相反的是非模态对话框，如"查找对话框"，用户可以在显示查找对话框的同时，继续对记事本的内容进行编辑。

Qt 支持实现模态对话框和非模态对话框，模态对话框与非模态对话框的具体实现有如下方式。

• 使用 QDialog::exec() 实现应用程序级别的模态对话框。
• 使用 QDialog::open() 实现窗口级别的模态对话框。
• 使用 QDialog::show() 实现非模态对话框。
• QDialog::setAttribute() 设置对话框属性，当为 Qt::WA DeleteOnClose 时，在对话框关闭时自我释放，不然不会自动销毁。

在 Qt 中，显示一个对话框一般有两种方式：一种是使用 exec() 方法，总是以模态来显示对话框，当运行的时候，关闭这个对话框，另一个对话框才显示；另一种是使用 show() 方法，它使得对话框既可以模态显示，也可以非模态显示，决定它是模态还是非模态的是对话框的 Modal 属性，而 Modal 有独特的属性。

Modal: 在 bool 默认情况下，对话框的该属性值是 false，这时通过 show() 方法显示的对话框就是非模态的。而如果将该属性值设置为 true，就设置成了模态对话框。利用 exec() 方法显示对话框时，会忽略 Modal 的值的设置并把对话框设为模态的。在 Qt 中，可以利用 setModal() 方法来设置 bool 值。

下面通过一个简单的代码片段来说明模态对话框和非模态对话框的实现方法。通过 Qt 向导创建一个基于 QDialog 基类的项目，见例6-9，项目目录如图6-36所示。

例6-9：模态对话框。

具体操作过程如下。

（1）模态对话框：创建项目，在 main.cpp 中添加代码如下。

```
Dialog w;
w.show();
w.exec();
```

或者显式调用 setModal() 方法，main.cpp 修改如下。

```
Dialog w;
w.setModal(true);
w.show();
```

（2）非模态对话框：修改 main.cpp 代码如下，通过调用对话框的 setModal(false) 或者 setModal() 方法声明该对话框为非模态对话框。

```
Dialog w;
w.setModal(false);
w.show();
```

在 6.2.2 小节和 6.2.3 小节中，将使用 Qt 提供的一些常用的标准对话框，如打开文件对话框、选择颜色对话框、信息提示和确认选择对话框、标准输入对话框等。下面首先创建一个基类为 QWidget 的项目6-9，创建完成后，项目6-9 的目录如图6-37所示。

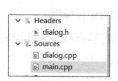

图6-36　项目目录

图6-37　项目6-9目录

## · 6.2.2　文件对话框和消息对话框

标准对话框是 Qt 内置的一系列对话框，用于简化开发。事实上，有很多对话框都是通用的，如打开文件、设置颜色、打印设置等。这些对话框在所有程序中几乎都相同，因此没有必要在每一个程序中都自己实现这样的对话框。

Qt 的内置对话框大致分为以下几类。

- QColorDialog：选择颜色。
- QFileDialog：选择文件或者目录。

- QFontDialog：选择字体。

- QInputDialog：允许用户输入一个值，并将该值返回。

- QMessageBox：模态对话框，用于显示信息、询问问题等。

- QPageSetupDialog：为打印机提供纸张相关的选项。

- QPrintDialog：打印机配置。

- QPrintPreviewDialog：打印预览。

- QProgressDialog：显示操作过程。

### 1. 文件对话框

接下来将讨论标准对话框 QFileDialog，也就是文件对话框。我们通过编写一个简单的实例，使用 QFileDialog 来打开一个文本文件，并将选择的文本的绝对路径和名称显示出来。

双击例6-9中的"widget.ui"进入设计模式界面，从"Buttons"中拖出一个"Push Button"控件到中间的窗体设计器，在右侧属性框中修改对象名 objectName 为"on_btnOpen"，双击中间的窗体设计器中的按钮，修改按钮显示文本为"打开一个文件"；在"Input Weight"中拖出一个"Plain Text Edit控件到窗体设计器"，在右侧属性框中修改对象名 objectName 为"plainTextEdit"，如图6-38所示。

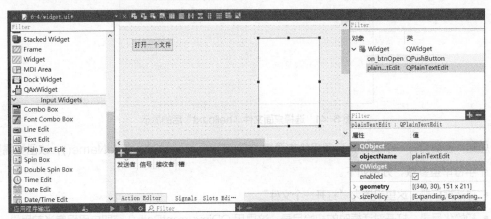

图 6-38 添加按钮

选择第2个控件后单击鼠标右键，在弹出的快捷菜单中选择"转到槽"设置槽函数，选择"clicked()"，如图 6-39 所示，单击"OK"按钮。

编写槽函数，代码如下。

```
void Widget::on_on_btnOpen_clicked()
{
    QString curPath=QDir::currentPath();// 获取程序当前目录
    // 获取应用程序的路径
    QString dlgTitle=" 选择一个文件 "; // 对话框标题
    QString filter=" 文本文件 (*.txt);; 图片文件 (*.jpg *.gif *.png);; 所有文件 (*.*)"; // 文件过滤器
    QString aFileName=QFileDialog::getOpenFileName(this,dlgTitle,curPath,filter);
    if (!aFileName.isEmpty())
        ui->plainTextEdit->appendPlainText(aFileName);
}
```

运行程序，单击"打开一个文件"按钮，观测右侧文本框显示的内容，如图 6-40 所示。

图 6-39 设置槽函数

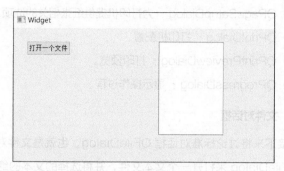

图 6-40 程序运行结果

选择桌面文件"hello.txt"后，显示如图 6-41 所示。

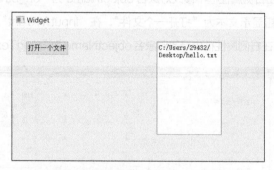

图 6-41 选择桌面文件"hello.txt"后的显示

总结：若要打开一个文件，可调用静态函数 QFileDialog::getOpenFileName()，该函数需要传递 3 个字符串型参数，分别如下。

- 对话框标题，这里设置为"打开一个文件"。
- 初始化目录，打开对话框时的初始目录，这里用 QDinxurrentPath() 获取应用程序当前目录。
- 文件过滤器，设置选择不同扩展名的文件，可以设置多组文件，如：

QString filter=" 文本文件 (* .txt);; 图片文件（* .jpg *.gif *.png);; 所有文件（*.*)";

每组文件之间用两个分号隔开，同一组内不同文件之间用空格隔开。

QFileDialog::getOpenFileName() 函数返回的是选择文件的带路径的完整文件名，如果在对话框里取消选择，则返回字符串为空。

通过上述项目代码可完成对单个文件的选择打开。接下来将展示如何完成对多个文件的选择打开。

双击例 6-9 中的"widget.ui"进入设计模式界面，从"Buttons"中拖出一个"Push Button"控件到中间的窗体设计器，在右侧属性框中修改对象名 objectName 为"btnOpenMulti"，双击中间窗体设计器中的按钮，修改按钮显示文本为"打开多个文件"，如图 6-42 所示。

选中控件后，单击鼠标右键在弹出的快捷菜单中选择"转到槽"设置槽函数，在展开的"转到槽"界面选择"clicked()"，如图 6-43 所示，单击"OK"按钮。

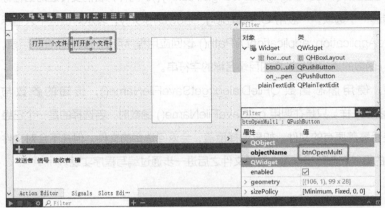

图 6-42 添加按钮          图 6-43 设置槽函数

编写"打开多个文件"按钮的槽函数,代码如下。

```
void Widget::on_btnOpenMulti_clicked()
{
    // 选择多个文件
    // 获取应用程序的路径
    QString curPath=QDir::currentPath();// 获取系统当前目录
    QString dlgTitle=" 选择多个文件 "; // 对话框标题
    QString filter=" 文本文件 (*.txt);; 图片文件 (*.jpg *.gif *.png);; 所有文件 (*.*)"; // 文件过滤器
    QStringList fileList=QFileDialog::getOpenFileNames(this,dlgTitle,curPath,filter);
    for (int i=0; i<fileList.count();i++)
        ui->plainTextEdit->appendPlainText(fileList.at(i));
}
```

运行结果如图 6-44 所示。

测试"打开多个文件"按钮,观察右侧文本框的显示内容,如图 6-45 所示。

通过这个程序,可得到以下结论。

- 若要选择打开多个文件,可使用静态函数 QFileDialog::getOpenFileNames()。getOpenFileNames() 函数的传递参数与 getOpenFileName() 一样,只是返回值是一个字符串列表,列表的每一行是选择的每一个文件。

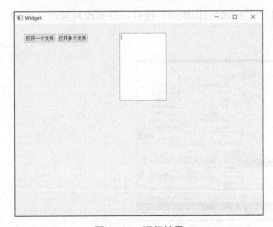

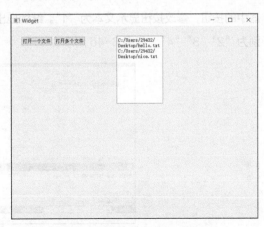

图 6-44 运行结果          图 6-45 测试"打开多个文件"按钮

- 选择已有目录可调用静态函数 QFileDialog::getExistingDirectory()。同样，若需要传递对话框标题和初始路径，还应传递一个选项，一般用 QFileDialog::ShowDirsOnly，表示对话框中只显示目录。静态函数 QCoreApplication::applicationDirPath() 返回应用程序可执行文件所在的目录，getExistingDirectory() 函数的返回值是选择的目录名称的字符串。

- 选择一个保存文件，使用静态函数 QFileDialog::getSaveFileName()，传递的参数与 getOpenFileName() 函数一样。只是在调用 getSaveFileName() 函数时，若选择的是一个已经存在的文件，会提示是否覆盖原有的文件。如果选择覆盖，会返回选择的文件，但并不会对文件进行实质操作。对文件的覆盖和删除操作需在选择文件之后进一步通过编写程序实现。

### ■ 2. 消息对话框

接下来将介绍标准对话框 QMessageBox，即消息对话框的使用。

- QMessageBox 用于显示提示消息，编程中一般会使用其提供的几个静态成员函数。

- void about(QWidget * parent, const QString & title, const QString & text) 用于显示关于对话框。这是一个比较简单的对话框，其标题是 title，内容是 text，父窗口是 parent。对话框只有一个"OK"按钮。

- void aboutQt(QWidget * parent, const QString & title = QString()) 用于显示关于 Qt 对话框。该对话框用于显示有关 Qt 的信息。

- StandardButton question(QWidget * parent, const QString & title, const QString & text, StandardButtons buttons = StandardButtons( Yes | No ), StandardButton defaultButton = NoButton)，这个对话框提供一个问号图标，其显示的按钮是"Yes"和"No"。

- StandardButton warning(QWidget * parent, const QString & title, const QString & text, StandardButtons buttons = Ok, StandardButton defaultButton = NoButton)，这个对话框提供一个黄色叹号图标。

下面通过代码来演示如何使用 QMessageBox，分为两个部分：简单信息提示和交互对话框。

（1）简单信息提示。

双击例 6-9 中的"widget.ui"进入设计模式界面，从"Buttons"中拖出一个"Push Button"到中间的窗体设计器，在右侧属性框中修改对象名 objectName 为"button1"，双击中间窗体设计器中的按钮，修改按钮显示文本为"1"。继续拖出 3 个"Push Button"控件，并修改其显示文本分别为"2""3""4"，如图 6-46 所示。

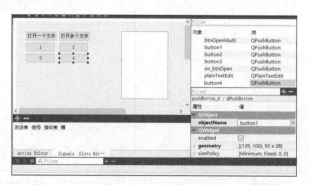

图 6-46　添加按钮组件

再添加相应的头文件，即选中相应控件后单击鼠标右键，在弹出的快捷菜单中选择"转到槽"，在展开的"转到槽"界面选择"clicked()"，编写对应的槽函数，代码如下。

```cpp
#include <QDialog>
#include <QDir>
#include <QFileDialog>
#include <QColorDialog>
#include <QFontDialog>
#include <QInputDialog>
#include <QMessageBox>
void Widget::on_button1_clicked()
{
    QString dlgTitle="information 消息框 ";
    QString strInfo=" 文件已经打开，字体大小已设置 ";
    QMessageBox::information(this, dlgTitle, strInfo, QMessageBox::Ok,QMessageBox::NoButton);
}
void Widget::on_button2_clicked()
{
    QString dlgTitle="warning 消息框 ";
    QString strInfo=" 文件内容已经被修改 ";
    QMessageBox::warning(this, dlgTitle, strInfo);
}
void Widget::on_button3_clicked()
{
    QString dlgTitle="critical 消息框 ";
    QString strInfo=" 有不明程序访问网络 ";
    QMessageBox::critical(this, dlgTitle, strInfo);
}
void Widget::on_pushButton_4_clicked()
{
    QString dlgTitle="about 消息框 ";
    QString strInfo=" 关于 XXX \n 保留所有版权 ";
    QMessageBox::about(this, dlgTitle, strInfo);
}
```

测试消息对话框的 4 个按钮，运行结果如图 6-47、图 6-48、图 6-49、图 6-50 所示。

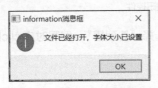

图 6-47 information 消息框

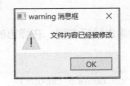

图 6-48 warning 消息框

图 6-49 critical 消息框

图 6-50 about 消息框

总结：消息对话框 QMessageBox 用于显示提示、警告、错误等信息，或进行确认选择。其中

warning()、information()、critical() 及 about() 这几个函数的输入参数和使用方法相同，只是信息提示的图标有区别。如 warning() 函数的原型如下。

```
StandardButton QMessageBox::warning(QWidget *parent, const QString &title, const QString &text,
StandardButtons buttons = Ok, StandardButton defaultButton = NoButton)
```

其中，parent 是对话框的父窗口，指定父窗口之后打开对话框，对话框将自动显示在父窗口的上方中间位置；title 是对话框的标题字符串；text 是对话框需要显示的信息字符串；buttons 是对话框提供的按钮，默认只有一个"OK"按钮；defaultButton 是默认选择的按钮，默认为没有选择。warning() 函数的返回结果是 StandardButton 类型。对话框上显示的按钮和默认选择按钮也是 StandardButton 类型。StandardButton 是各种按钮的定义，如"OK""Yes""No""Cancel"等，其枚举取值是 QMessageBox::Ok、QMessageBox::Cancel、QMessageBox::Close 等。

对于 warning()、information()、critical() 及 about() 这几种对话框来说，它们一般只有一个"OK"按钮，且无须关心对话框的返回值，使用默认的按钮进行设置即可。

（2）交互对话框。

双击例 6-9 中的"widget.ui"进入设计模式界面，从"Buttons"中拖出一个"Push Button"到中间的窗体设计器，在右侧属性框中修改对象名 objectName 为"button5"，双击中间窗体设计器中的按钮，修改按钮显示文本为"5"，如图 6-51 所示。

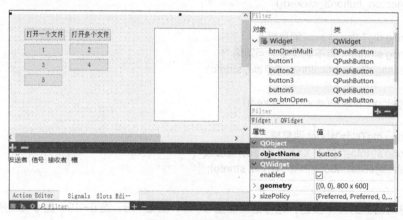

图 6-51　添加按钮控件

选中控件后单击鼠标右键，在弹出的快捷菜单中选择"转到槽"，编写对应 clicked() 的槽函数，代码如下。

```
void Widget::on_button5_clicked()
{
    QString dlgTitle="Question 消息框 ";
    QString strInfo=" 文件已被修改, 是否保存修改?  ";
    QMessageBox::StandardButton  defaultBtn=QMessageBox::NoButton; // 默认按钮
    QMessageBox::StandardButton result;// 返回选择的按钮
    result=QMessageBox::question(this, dlgTitle, strInfo,
                        QMessageBox::Yes|QMessageBox::No |QMessageBox::Cancel,
                        defaultBtn);
    if (result==QMessageBox::Yes)
        ui->plainTextEdit->appendPlainText("Question 消息框 : Yes 被选择 ");
```

```
    else if(result==QMessageBox::No)
        ui->plainTextEdit->appendPlainText("Question 消息框 : No 被选择 ");
    else if(result==QMessageBox::Cancel)
        ui->plainTextEdit->appendPlainText("Question 消息框 : Cancel 被选择 ");
    else
        ui->plainTextEdit->appendPlainText("Question 消息框 : 无选择 ");
}
```

运行结果如图 6-52 所示。

观察单击后右侧文本框显示的内容，如图 6-53 所示。

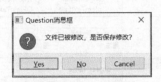

图 6-52 运行结果           图 6-53 单击后右侧文本框显示的内容

总结: QMessageBox::question() 函数用于打开一个选择对话框、显示提示信息，并提供 "Yes""No""Cancel" 等按钮，用户单击某个按钮返回选择。静态函数 QMessageBox::question() 的原型如下。

```
StandardButton QMessageBox::question(QWidget *parent, const QString &title, const QString &text,
StandardButtons buttons = StandardButtons( Yes | No ), StandardButton defaultButton = NoButton)
```

question() 对话框的关键是可以在其中选择显示多个按钮，如同时显示 "Yes""No" 或 "Cancel" 按钮。其返回结果也是一个 StandardButton 类型的变量，表示哪个按钮被单击了。

## 6.2.3 其他对话框

标准的对话框除了文件对话框、消息对话框外，还有选择颜色对话框、选择字体对话框及标准输入对话框，下面将逐一进行介绍。

### 1. 选择颜色对话框

双击例 6-9 中的 "widget.ui" 进入设计模式界面，从 "Buttons" 中拖出一个 "Push Button" 控件到中间的窗体设计器，在右侧属性框中修改对象名 objectName 为 "color"，双击中间窗体设计器中的按钮，修改按钮显示文本为 "color"，如图 6-54 所示。

选中控件后单击鼠标右键，在弹出的快捷菜单中选择 "转到槽"，编写 clicked() 的槽函数，代码如下。

```
void Widget::on_color_clicked()
{
    QPalette pal=ui->plainTextEdit->palette(); // 获取现有 palette
    QColor  iniColor=pal.color(QPalette::Text); // 现有的文字颜色
    QColor color=QColorDialog::getColor(iniColor,this," 选择颜色 ");
    if (color.isValid()) // 选择有效
    {
```

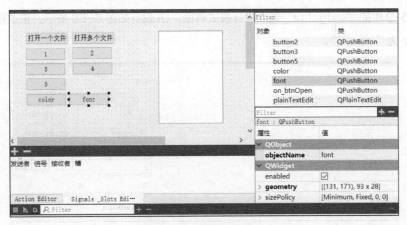

图 6-56  添加按钮组件

选中控件后单击鼠标右键，在弹出的快捷菜单中选择"转到槽"，编写 click() 的槽函数，代码如下。

```
void Widget::on_font_clicked()
{// 选择字体
    QFont iniFont=ui->plainTextEdit->font(); // 获取文本框的字体
    bool  ok=false;
    QFont font=QFontDialog::getFont(&ok,iniFont); // 选择字体
    if (ok) // 选择有效
        ui->plainTextEdit->setFont(font);
}
```

运行结果如图 6-57 所示。

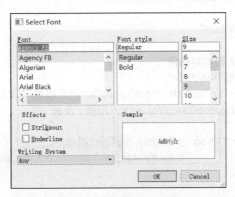

图 6-57  选择字体对话框

总结：QFontDialog 是选择字体对话框，选择字体使用静态函数 QFontDialog::getFont()。getFont() 函数返回一个字体变量，但是 QFontDialog 没有类似 isValid() 的函数来判断有效性，所以在调用 getFont() 函数时以引用方式传递一个逻辑变量"ok"，调用后通过判断"ok"是否为 true 来判断字体选择是否有效。

### 3. 标准输入对话框

标准输入对话框有文字输入、整数输入、浮点数输入、条目选择输入等多种方式。下面将创建 4 个按钮分别实现这 4 种输入方式。

双击例 6-9 中的"widget.ui"进入设计模式界面，UI 设计如图 6-58 所示，更改相应的对象名 objectName 为"inputX"。

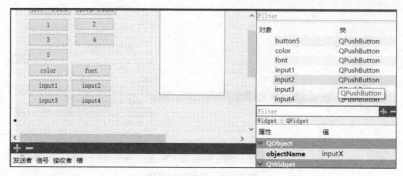

图 6-58  添加 4 个按钮组件

编写对应 click() 的槽函数，代码如下。

```
void Widget::on_input1_clicked()
{// 输入字符串
    QString dlgTitle=" 输入文字对话框 ";
    QString txtLabel=" 请输入文件名 ";
    QString defaultInput=" 新建文件 .txt";
    QLineEdit::EchoMode echoMode=QLineEdit::Normal;// 正常文字输入
    //QLineEdit::EchoMode echoMode=QLineEdit::Password;// 密码输入
    bool ok=false;
    QString text = QInputDialog::getText(this, dlgTitle,txtLabel, echoMode,defaultInput, &ok);
    if (ok && !text.isEmpty())
        ui->plainTextEdit->appendPlainText(text);
}
void Widget::on_input2_clicked()
{// 输入整数
    QString dlgTitle=" 输入整数对话框 ";
    QString txtLabel=" 设置字体大小 ";
    int defaultValue=ui->plainTextEdit->font().pointSize(); // 现有字体大小
    int minValue=6, maxValue=50,stepValue=1; // 范围、步长
    bool ok=false;
    int inputValue = QInputDialog::getInt(this, dlgTitle,txtLabel,
                                defaultValue, minValue,maxValue,stepValue,&ok);
    if (ok) // 是否确认输入
    {
        QFont  font=ui->plainTextEdit->font();
        font.setPointSize(inputValue);
        ui->plainTextEdit->setFont(font);
    }
}
void Widget::on_input3_clicked()
{// 输入浮点数
    QString dlgTitle=" 输入浮点数对话框 ";
    QString txtLabel=" 输入一个浮点数 ";
    float defaultValue=3.13;
    float minValue=0, maxValue=10000; // 范围
    int decimals=2;// 小数点位数
```

```
        bool ok=false;
        float inputValue = QInputDialog::getDouble(this, dlgTitle,txtLabel,
                            defaultValue, minValue,maxValue,decimals,&ok);
        if (ok) // 确认选择
        {
            QString str=QString::asprintf(" 输入了一个浮点数 :%.2f",inputValue);
            ui->plainTextEdit->appendPlainText(str);
        }
}
void Widget::on_input4_clicked()
{// 条目选择输入
    QStringList items; //ComboBox 下拉列表的内容
    items <<" 优秀 "<<" 良好 "<<" 合格 "<<" 不合格 ";
    QString dlgTitle=" 条目选择对话框 ";
    QString txtLabel=" 请选择级别 ";
    int    curIndex=0; // 初始选择项
    bool   editable=true; //ComboBox 是否可编辑
    bool   ok=false;
    QString text = QInputDialog::getItem(this, dlgTitle,txtLabel,items,curIndex,editable,&ok);
    if (ok && !text.isEmpty())
        ui->plainTextEdit->appendPlainText(text);
}
```

运行结果如图 6-59 所示。

图 6-59　标准输入对话框

对该程序进行进一步总结如下。

- QInputDialog::getText() 函数显示一个对话框，用于输入文字，传递的参数包括对话框标题、提示标签文字、默认输入、编辑框响应模式等。其中编辑框响应模式是枚举类型 QLineEdit::EchoMode，它控制编辑框上文字的显示方式，正常情况下选择 QLineEdit::Normal；如果是输入密码，选择 QLineEdit::Password。

- 使用 QInputDialog::getInt() 函数输入整数，输入整数对话框使用一个 SpinBox 组件输入整数。getInt() 函数需要传递的参数包括现有字体大小、范围、步长，确认选择输入后，将输入的整数值作为文本框字体的大小。

- 使用 QInputDialog::getDouble() 函数输入浮点数，输入对话框使用一个 QDoubleSpinBox 作为输入组件，getDouble() 函数的输入参数需要输入初始值、范围、小数点位数等。

- 使用 QInputDialog::getItem() 函数可以从一个 ComboBox 组件的下拉列表中选择输入。

getItem() 函数需要一个 QStringList 变量为其 ComboBox 组件做条目初始化，curIndex 指明初始选择项，editable 用于设置对话框里的 ComboBox 是否可编辑，若设置为不能编辑则只能在下拉列表中选择。

# 6.3 事件

## · 6.3.1 事件概念

Qt 应用程序是基于事件驱动的，应用程序每一个动作的背后都有事件的影子。如鼠标单击、释放及移动，称为鼠标事件，而按下和松开键盘上的某一个键是键盘事件。

在前文的 Qt 程序中，一般在 main() 函数中创建一个 QApplication 对象，并调用它的 exec() 函数，这个函数就是开始 Qt 事件循环的函数。通常 Windows 操作系统会把从操作系统得到的消息，如鼠标移动、按键等放入操作系统的消息队列中，Qt 事件循环会不停地读取这些事件并依次处理。Qt 中的所有事件类都继承于类 QEvent。在事件对象创建完毕后，Qt 将这个事件对象传递给 QObject 的 event() 函数。event() 函数并不直接处理事件，而是按照事件对象的类型将其分派给特定的事件处理函数（event handler），这一点会在 6.3.2 小节中详细说明。

下面通过鼠标单击、释放、移动的事件示例（见例 6-10）来认识事件，具体操作步骤如下。

例 6-10：事件。

（1）首先创建一个基类为 QMainwindow 的项目 6-10，添加一个新的类，类名为"MyLabel"，基类基于类 QWidget。

（2）新建类并让类 MyLabel 继承于类 QLabel（在 MyLabel.h 中进行定义）。在 QLabel 类中定义了很多事件的处理函数，如 mouseMoveEvent()、mousePressEvent() 等，这些函数都是 protected virtual 的，即可以在派生类中重新实现这些函数。在新创建的 MyLabel 类中，对这些事件进行了重载，即重新定义了这些函数，代码如下。

```
// 鼠标单击事件
void mousePressEvent(QMouseEvent *ev);
// 鼠标释放事件
void mouseReleaseEvent(QMouseEvent *ev);
// 鼠标移动事件
void mouseMoveEvent(QMouseEvent *ev);
// 进入窗口区域
void enterEvent(QEvent *);
// 离开窗口区域
void leaveEvent(QEvent *);
```

（3）在鼠标单击事件 mousePressEvent 中，单击鼠标的时候，把当前鼠标的坐标值显示在这个新定义的 MyLabel 类对象上。由于 QLabel 是支持 HTML 代码的，所以可以直接使用 HTML 代码来格式化文字。部分代码如下。

```
void MyLabel::mousePressEvent(QMouseEvent *ev)
{
    int i = ev->x();// 获取鼠标的横坐标值
    int j = ev->y();// 获取鼠标的纵坐标值
    if(ev->button() == Qt::LeftButton)
    {
        qDebug() << "left";
    }
    else if(ev->button() == Qt::RightButton)
    {
        qDebug() << "right";
    }
    else if(ev->button() == Qt::MidButton)
    {
        qDebug() << "mid";
    }
    QString text = QString("<center><h1>Mouse Press: (%1, %2)</h1></center>")
            .arg(i).arg(j);// 当前鼠标的坐标值显示在 My Label 类对象上
    this->setText(text);
}
```

项目 6-10 的具体源代码如下。

```
//mylabel.h
#include <QLabel>
class MyLabel : public QLabel
{
    Q_OBJECT
public:
    explicit MyLabel(QWidget *parent = 0);
protected:
    // 鼠标单击事件
    void mousePressEvent(QMouseEvent *ev);
    // 鼠标释放事件
    void mouseReleaseEvent(QMouseEvent *ev);
    // 鼠标移动事件
    void mouseMoveEvent(QMouseEvent *ev);
    // 进入窗口区域
    void enterEvent(QEvent *);
    // 离开窗口区域
    void leaveEvent(QEvent *);
};
```

mylabel.cpp 文件代码如下。

```
#include "mylabel.h"
#include <QMouseEvent>
#include <QDebug>
MyLabel::MyLabel(QWidget *parent) : QLabel(parent)
{
    // 设置追踪鼠标
    this->setMouseTracking(true);
}
void MyLabel::mousePressEvent(QMouseEvent *ev)
{
```

```
        int i = ev->x();
        int j = ev->y();
        if(ev->button() == Qt::LeftButton)
        {
            qDebug() << "left";
        }
        else if(ev->button() == Qt::RightButton)
        {
            qDebug() << "right";
        }
        else if(ev->button() == Qt::MidButton)
        {
            qDebug() << "mid";
        }
        QString text = QString("<center><h1>Mouse Press: (%1, %2)</h1></center>")
                    .arg(i).arg(j);
        this->setText(text);
}
void MyLabel::mouseReleaseEvent(QMouseEvent *ev)
{
        QString text = QString("<center><h1>Mouse Release: (%1, %2)</h1></center>")
                    .arg( ev->x() ).arg( ev->y() );
        this->setText(text);
}
void MyLabel::mouseMoveEvent(QMouseEvent *ev)
{
        QString text = QString("<center><h1>Mouse move: (%1, %2)</h1></center>")
                    .arg( ev->x() ).arg( ev->y() );
        //this->setText(text);
}
void MyLabel::enterEvent(QEvent *e)
{
        QString text = QString("<center><h1>Mouse enter</h1></center>");
        this->setText(text);
}
void MyLabel::leaveEvent(QEvent *e)
{
        QString text = QString("<center><h1>Mouse leave</h1></center>");
        this->setText(text);
}
```

main.cpp 文件代码如下。

```
#include "mylabel.h"
#include <QApplication>
int main(int argc, char *argv[])
{
        QApplication a(argc, argv);
        MyLabel w;
        w.resize(400,200);
        w.show();
        return a.exec();
}
```

项目6-10运行结果如图6-60所示。

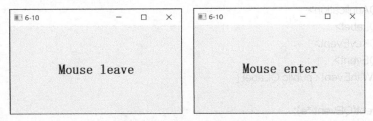

图6-60 项目6-10运行结果

代码解析如下。

运行上面的程序，当单击鼠标之后，在 MyLabel 类对象 w 上会显示鼠标当前的坐标值。之所以要在单击鼠标之后才能在 mouseMoveEvent() 函数中显示鼠标坐标值，是因为 QWidget 中有一个 mouseTracking 属性，该属性用于设置是否追踪鼠标。只有鼠标被追踪时，mouseMoveEvent() 事件才会被触发。如果 mouseTracking 是 false（默认为 false），组件在至少单击一次鼠标之后才能够被追踪，也就是至少需要一次单击才能够触发 mouseMoveEvent() 事件。如果将 mouseTracking 设置为 true，则 mouseMoveEvent() 事件可以直接被触发。因此需要在 main() 函数中添加如下代码。

```
label->setMouseTracking(true);
```

再次运行程序，这个问题得以解决，添加 mouseTracking 属性后运行结果如图6-61所示。

图6-61 添加 mouseTracking 属性后运行结果

### · 6.3.2 事件函数

创建事件对象之后，Qt 不会直接调用这个事件所对应的函数，而是通过 event() 函数根据事件的不同将之分发给不同的事件处理函数。event() 函数主要用来做事件的分发而不是直接处理事件。如果需要在事件分发之前进行一些操作，可重写这个 event() 函数。下面通过例6-11进行说明。

例6-11：事件函数。

新建一个项目6-11，分别新建两个类 LabelWithoutEvent 和 LabelWithEvent，类 LabelWithoutEvent 继承于类 QLabel，并重写 keyPressEvent() 事件。当检测到按下键盘上的键时，被按的键的键盘码会添加到窗口中。类 LabelWithEvent 也继承于类 QLabel，同时重写 keyPressEvent() 及 event() 函数。keyPressEvent() 的实现与类 LabelWithoutEvent 相同。但在 event() 函数中实现了一个事件分发的机制：当检测到被按的键是 Tab 时，会直接将类 LabelWithEvent 的对象的内容清空并显示"You press Tab"，否则分发给 keyPressEvent() 处理。具体实现代码如下。

```
//LabelWithEvent.h
#include <QApplication>
#include <QLabel>
#include <QKeyEvent>
#include <QEvent>
class LabelWithEvent : public QLabel {
protected:
    bool event(QEvent *e);
    void keyPressEvent(QKeyEvent * event);
};
//LabelWithEvent.cpp
#include "labelwithevent.h"
void LabelWithEvent::keyPressEvent(QKeyEvent *event) {
QString pret = this->text();
this->setText(pret + QString("<center><h1>press: %1</h1></center>").arg(QString::number(event->
key())));
    }
bool LabelWithEvent::event(QEvent *e) {
    if (e->type() == QEvent::KeyPress) {
        QKeyEvent * keyEvent = static_cast<QKeyEvent*> (e);
        if (keyEvent->key() == Qt::Key_Tab) {
            this->setText(QString("<center><h1>You press Tab</h1></center>"));
            return true;
        }
    }
    return QWidget::event(e);
}
```

main.cpp 文件代码如下。

```
#include <QApplication>
#include "labelwithevent.h"
#include "labelwithoutevent.h"
int main(int argc, char *argv[])
{
    QApplication a(argc, argv);
    LabelWithEvent *l = new LabelWithEvent;
    LabelWithoutEvent *l2 = new LabelWithoutEvent;
    l->setWindowTitle("LabelWithEvent");
    l2->setWindowTitle("LabelWithoutEvent");
    l->resize(300,500);
    l2->resize(300,500);
    l->show();
    l2->show();
    return a.exec();
}
```

如果 event() 函数中被传入的事件已经被识别且处理，则返回 true，认为事件已经处理完毕，Qt
不再将这个事件发送给其他对象，否则返回 false。程序运行后，在 LabelWithEvent 类对象的界面
按键盘上的键，如果是 Tab 键，则显示 "You press Tab"，不再交给 keyPressEvent() 函数处理。
项目 6-11 运行结果如图 6-62 所示。

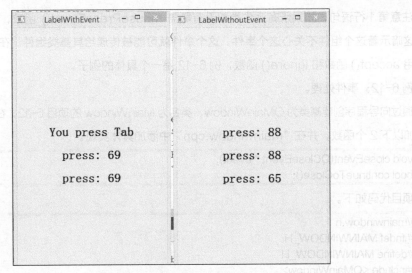

图 6-62    项目 6-11 运行结果

### 6.3.3    事件接收和忽略

在 Qt 中，所有控件都继承于类 QWidget，形成一种层次叠加的结构。在自定义控件的时候，派生类会继承基类的事件，但一般处理事件后，不会将事件继续传递给基类处理。可以把 Qt 的事件传递看成链式：如果派生类没有处理这个事件，就会继续向基类传递。事实上，Qt 的事件对象都有 accept() 函数和 ignore() 函数。正如它们的名字，前者用来告诉 Qt 事件处理函数"接收"了这个事件，不要再传递；后者则告诉 Qt 事件处理函数"忽略"了这个事件，需要继续传递，寻找另外的接受者。在事件处理函数中，可使用 isAccepted() 函数来查询这个事件是不是已经被接收了。

事实上，accept() 函数和 ignore() 函数很少被使用，而是像上面提到的一样，如果要忽略事件，调用基类的响应函数即可。但用户无法确认基类中的处理函数有没有操作，如果在派生类中直接忽略事件，Qt 不会再去寻找其他的接收者，那么基类的操作也就不能进行，这可能会有潜在的危险。下面的代码显示了类 QWidget 的 mousePressEvent() 函数的实现。

```
void QWidget::mousePressEvent(QMouseEvent *event) {
event->ignore();
    if ((windowType() == Qt::Popup)) {
        event->accept();
        QWidget* w;
        while ((w = qApp->activePopupWidget()) && w != this){
          w->close();
          if (qApp->activePopupWidget() == w) // widget does not want to disappear
                  w->hide(); // hide at least
        }
          if (!rect().contains(event->pos()))
              { close();
        }
    }
}
```

注意第 1 行语句，如果所有派生类都没有覆盖 mousePressEvent() 函数，这个事件会被忽略掉，这暗示着这个组件不关心这个事件，这个事件就可能被传递给其基类组件。在这样的情形下，必须使用 accept() 函数和 ignore() 函数，例 6-12 是一个具体的例子。

例 6-12：事件处理。

通过向导程序创建基类为 QMainWindow、类名为 MainWindow 的项目 6-12，在"mainwindow.h"中添加以下 2 个函数，并在"mainwindow.cpp"中添加具体实现。

```
void closeEvent(QCloseEvent * event);
bool continueToClose();
```

项目代码如下。

```
//mainwindow.h
#ifndef MAINWINDOW_H
#define MAINWINDOW_H
#include <QMainWindow>
QT_BEGIN_NAMESPACE
namespace Ui { class MainWindow; }
QT_END_NAMESPACE
class MainWindow : public QMainWindow
{
    Q_OBJECT
public:
    MainWindow(QWidget *parent = nullptr);
    ~ MainWindow();
    void closeEvent(QCloseEvent * event);
    bool continueToClose();
private:
    Ui::MainWindow *ui;
};
#endif // MAINWINDOW_H
```

mainwindow.cpp 文件代码如下。

```
#include "mainwindow.h"
#include "ui_mainwindow.h"
#include<QMessageBox>
#include<QCloseEvent>
MainWindow::MainWindow(QWidget *parent)
    : QMainWindow(parent)
    , ui(new Ui::MainWindow)
{
    ui->setupUi(this);
}
MainWindow:: ~ MainWindow()
{
    delete ui;
}
void MainWindow::closeEvent(QCloseEvent * event)
{
        if(continueToClose()) {
                event->accept();
        } else {
```

```
                event->ignore();
            }
    }
    bool MainWindow::continueToClose()
    {
        if(QMessageBox::question(this,
                                tr("quit"),
                                tr("Are you sure to quit?"),
                                QMessageBox::Yes | QMessageBox::No,
                                QMessageBox::No)
                == QMessageBox::Yes) {
                return true;
            } else {
                return false;
            }
    }
```

运行程序，在主窗口关闭时会有询问的对话框，经过确认后才会关闭对话框。例 6-12 运行结果如图 6-63 所示。

图 6-63 例 6-12 运行结果

## · 6.3.4 事件过滤器

编程时可能需要拦截发送到其他对象的事件，如当打开一个对话框时，不希望其他窗体能接收到鼠标的单击事件。Qt 提供了一种事件过滤的机制。Qt 在接收到消息并创建 QEvent 事件之后，会调用 event() 函数进行分发，而 event() 函数继承自 QObject 类，QObject 类中有一个 eventFilter() 函数，用于创建事件过滤器，格式如下。

```
virtual bool QObject::eventFilter(QObject * watched, QEvent* event);
```

所谓事件过滤器，可以理解成一种过滤代码。事件过滤器会检查接收到的事件，如果这个事件是程序感兴趣的类型，就由程序进行处理；如果不是，就继续转发。eventFilter() 函数返回一个 bool 类型的值，如果想将函数 event() 过滤出来，如不想让它继续转发，就返回 true，否则返回 false。事件过滤器的调用在目标对象（也就是参数里面的 watched 对象）接收到事件对象之前。也就是说，如果在事件过滤器中停止了某个事件，那么 watched 对象和以后所有的事件过滤器都不会知道有这么一个事件。

事件过滤器机制如图 6-64 所示。

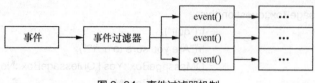

图 6-64　事件过滤器机制

下面通过例 6-13 来演示事件过滤器的具体应用和编程实现。

例 6-13：事件过滤器。

具体操作过程如下。

通过向导程序创建一个基于基类 MainWindow 的项目，并添加一个新的类，名为"MV"。项目名为 6-13。

项目的部分源代码如下。

```cpp
//mv.h
#ifndef MV_H
#define MV_H
#include<QTextEdit>
#include <QMainWindow>
QT_BEGIN_NAMESPACE
namespace Ui { class MV; }
QT_END_NAMESPACE
class MV : public QMainWindow
{
    Q_OBJECT
public:
    MV(QWidget *parent = nullptr);
    ~ MV();
protected:
    bool eventFilter(QObject *obj, QEvent *event);// 事件过滤器
private:
    Ui::MV *ui;
    QTextEdit * te;
};
#endif // MV_H
```

mv.cpp 文件代码如下。

```cpp
#include "mv.h"
#include "ui_mv.h"
#include<QTextEdit>
#include<QDebug>
#include<QKeyEvent>
MV::MV(QWidget *parent)
```

```
        : QMainWindow(parent)
        , ui(new Ui::MV)
    {
        te = new QTextEdit;// 添加一个文本框
        setCentralWidget(te);
        te->installEventFilter(this);// 文本框安装事件过滤器
    }
    MV:: ~ MV()
    {
        delete ui;
    }
    bool MV::eventFilter(QObject *obj, QEvent *event) {
        if (obj == te) {// 判断是否为文本框对象
            if (event->type() == QEvent::KeyPress) {
                QKeyEvent * k = (QKeyEvent*)event;
                qDebug()<<"key press"<<k->key();
                return true;// 注释本行，程序继续运行，文本框有显示
                // 不注释，返回 true，不再继续转发，键盘事件被忽略，文本框无显示
                return QMainWindow::eventFilter(obj, event);
            }
            return false;
        }
        return QMainWindow::eventFilter(obj, event);
    }
```

例 6-13 运行结果如图 6-65、图 6-66 所示。

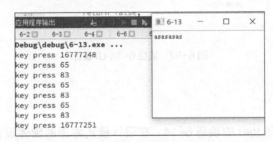

图 6-65　注释 return true 运行结果

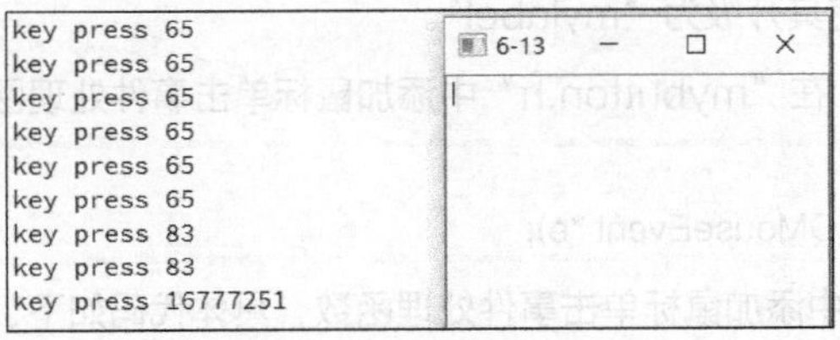

图 6-66　解除注释，键盘事件被忽略，文本框无显示

在这个程序中，类 MV 是一个自定义的类，程序重写了它的 eventFilter() 函数。为了过滤特定组件上的事件，首先需要判断这个对象是不是自己感兴趣的组件，然后判断这个事件的类型。在上面的代码中，当程序不想让 textEdit 组件处理键盘事件时，首先程序需要找到这个组件，如果这个事件是键盘事件，则返回 true，也就是过滤掉这个事件，其他事件还是要继续处理，否则返回 false。对于其他的组件，并不能确定是不是还有过滤器，于是最保险的办法是调用基类的函数。

事件过滤器真正强大的作用在于可以为整个应用程序添加事件过滤器。installEventFilter() 函数是 QObject 的函数，QApplication 或 QCoreApplication 对象都是类 QObject 的派生类，可以全局添加事件过滤器。当产生一个事件时，会首先通过全局过滤器，再经过 event() 函数。但一旦使用全局过滤器，程序的性能会严重降低，一般不使用。而且过滤器与安装过滤器的组件必须位于同一个线程，否则无效。

### · 6.3.5　综合示例

前文对事件进行了一些介绍，事件比较难以理解。下面通过一个对鼠标单击、移动、追踪，以及对事件过滤的综合示例（见例 6-14）加深和巩固读者所学的这些知识，项目 6-14UI 设计如图 6-67 所示。

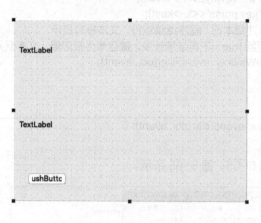

图 6-67　项目 6-14 UI 设计

例 6-14：综合示例。

具体操作过程如下。

（1）创建基类为 QWidget 的项目 6-14，在设计模式界面的窗体设计器中拖入 1 个"Push Button"和 2 个"Label"控件，基于类 QPushButton 和类 QLabel 添加新的类 mybutton，右键单击第 1 个"Label"，并将其升级为"mylabel"。

（2）对代码进行修改，在"mybutton.h"中添加鼠标单击事件处理函数，具体代码如下。

```
protected:
void mousePressEvent(QMouseEvent *e);
```

在"mybutton.cpp"中添加鼠标单击事件处理函数，具体代码如下。

```
#include "mybutton.h"
#include <QMouseEvent>
#include <QDebug>
MyButton::MyButton(QWidget *parent) : QPushButton(parent)
{
}
void MyButton::mousePressEvent(QMouseEvent *e)
{
    if(e->button() == Qt::LeftButton)
```

```
    {
        // 如果是单击左键
        qDebug() << "按下的是左键 ";
        // 事件接收后，就会往下传递
        //e->ignore(); // 忽略，事件继续往下传递给父组件，不是给基类
    }
    else
    {
        // 不做处理
        QPushButton::mousePressEvent(e);
        // 忽略事件，事件继续往下传递
    }
}
```

在"mylabel.h"中添加鼠标单击事件函数，具体代码如下。

```
protected:
    // 鼠标单击事件
    void mousePressEvent(QMouseEvent *ev);
    // 鼠标释放事件
    void mouseReleaseEvent(QMouseEvent *ev);
    // 鼠标移动事件
    void mouseMoveEvent(QMouseEvent *ev);
    // 进入窗口区域
    void enterEvent(QEvent *);
    // 离开窗口区域
    void leaveEvent(QEvent *);
```

在"mylabel.cpp"中添加鼠标单击事件的具体函数，代码如下。

```
#include "mylabel.h"
#include <QMouseEvent>
#include <QDebug>
MyLabel::MyLabel(QWidget *parent) : QLabel(parent)
{
    // 设置追踪鼠标
    this->setMouseTracking(true);
}
void MyLabel::mousePressEvent(QMouseEvent *ev)
{
    int i = ev->x();
    int j = ev->y();
    //sprinf
    /*
     * QString str = QString("abc %1 ^_^ %2").arg(123).arg("mike");
     * str = abc 123 ^_^ mike
     */
    if(ev->button() == Qt::LeftButton)
    {
        qDebug() << "left";
    }
    else if(ev->button() == Qt::RightButton)
    {
        qDebug() << "right";
```

```
        }
        else if(ev->button() == Qt::MidButton)
        {
            qDebug() << "mid";
        }
        QString text = QString("<center><h1>Mouse Press: (%1, %2)</h1></center>")
                .arg(i).arg(j);
        this->setText(text);
}
void MyLabel::mouseReleaseEvent(QMouseEvent *ev)
{
        QString text = QString("<center><h1>Mouse Release: (%1, %2)</h1></center>")
                .arg( ev->x() ).arg( ev->y() );
        this->setText(text);
}
void MyLabel::mouseMoveEvent(QMouseEvent *ev)
{
        QString text = QString("<center><h1>Mouse move: (%1, %2)</h1></center>")
                .arg( ev->x() ).arg( ev->y() );
        //this->setText(text);
}
void MyLabel::enterEvent(QEvent *e)
{
        QString text = QString("<center><h1>Mouse enter</h1></center>");
        this->setText(text);
}
void MyLabel::leaveEvent(QEvent *e)
{
        QString text = QString("<center><h1>Mouse leave</h1></center>");
        this->setText(text);
}
```

"mywidget.h"代码如下。

```
protected:
    // 键盘按键事件
    void keyPressEvent(QKeyEvent *);
    // 鼠标单击事件
    void mousePressEvent(QMouseEvent *);
    // 关闭事件
    void closeEvent(QCloseEvent *);
    // 重写 event 事件
    bool event(QEvent *);
    // 事件过滤器
    bool eventFilter(QObject *obj, QEvent *e);
```

编辑"mywidget.cpp"，使之代码如下。

```
#include "mywidget.h"
#include "ui_mywidget.h"
#include <QDebug>
#include <QKeyEvent>
#include <QCloseEvent>
#include <QMessageBox>
```

```
#include <QEvent>
MyWidget::MyWidget(QWidget *parent) :
    QWidget(parent),
    ui(new Ui::MyWidget)
{
    ui->setupUi(this);
    connect(ui->pushButton, &MyButton::clicked,
            [=]()
            {
                qDebug() << " 按钮被按下 ";
            }
            );
    // 安装过滤器
    ui->label_2->installEventFilter(this);
    ui->label_2->setMouseTracking(true);
}
MyWidget:: ~ MyWidget()
{
    delete ui;
}
void MyWidget::keyPressEvent(QKeyEvent *e)
{
    qDebug() << (char)e->key();

    if(e->key() == Qt::Key_A)
    {
        qDebug() << "Qt::Key_A";
    }
}
void MyWidget::mousePressEvent(QMouseEvent *e)
{
    qDebug() << "+++++++++++++++++++++";
}
void MyWidget::closeEvent(QCloseEvent *e)
{
    int ret = QMessageBox::question(this, "question", " 是否需要关闭窗口 ");
    if(ret == QMessageBox::Yes)
    {
        // 关闭窗口
        // 处理关闭窗口事件，接收事件，事件就不会再往下传递
        e->accept();
    }
    else
    {
        // 不关闭窗口
        // 忽略事件，事件继续传递给父组件
        e->ignore();
    }
}
bool MyWidget::event(QEvent *e)
{
    // 事件分发
```

```
            switch( e->type() )
            {
                case QEvent::Close:
                    closeEvent(e);
                break;
            case QEvent::MouseMove:
                mouseMoveEvent(e);
                break;
                /*
                * ... ...
                */
            }
        if(e->type() == QEvent::KeyPress)
        {
                // 类型转换
                QKeyEvent *env = static_cast<QKeyEvent *>(e);
                if(env->key() == Qt::Key_B)
                {
                        return QWidget::event(e);
                }
                return true;
        }
        else
        {
                return QWidget::event(e);
                //return false;
        }
    }
    bool MyWidget::eventFilter(QObject *obj, QEvent *e)
    {
        if(obj == ui->label_2)
        {
                QMouseEvent *env = static_cast<QMouseEvent *>(e);
                // 判断事件
                if(e->type() == QEvent::MouseMove)
                {
                        ui->label_2->setText(QString("Mouse move:(%1, %2)").arg(env->x()).arg(env->y()));
                        return true;
                }
                if(e->type() == QEvent::MouseButtonPress)
                {
                        ui->label_2->setText(QString("Mouse press:(%1, %2)").arg(env->x()).arg(env->y()));
                        return true;
                }
                if(e->type() == QEvent::MouseButtonRelease)
                {
                        ui->label_2->setText(QString("Mouse release:(%1, %2)").arg(env->x()).arg(env->y()));
                        return true;
                }
                else
                {
                        return QWidget::eventFilter(obj, e);
```

```
        }
    }
    else
    {
        return QWidget::eventFilter(obj, e);
    }
```

运行程序后，可看到对鼠标单击、移动及追踪的效果。程序运行结果如图6-68所示。

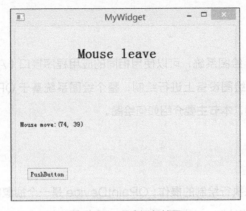

图6-68　程序运行结果

在本书的5.2.3小节中已提及，Qt程序在main()函数中创建一个QApplication对象，然后调用其exec()函数，该函数就用于开始Qt的事件循环。在执行exec()函数之后，程序将进入事件循环来监听应用程序的事件。当事件发生时，Qt将创建一个事件对象，Qt中的所有事件类都继承于类QEvent。在事件对象创建完毕后，Qt将这个事件对象传递给QObject的event()函数。event()函数并不直接处理事件，而是按照事件对象的类型分派给它们特定的事件处理函数（event handler）。在所有组件的基类QWidget中，已经定义了很多事件处理的回调函数。event()函数主要用于事件的分发，但如果需要在事件分发之前做一些操作，可重写这个event()函数。除可以通过重写event()函数实现事件处理之外，Qt还提供事件过滤器实现对事件的处理，调用在目标对象接收到事件对象之前进行。对此，Qt的事件处理包含以下5个层次。

- 重写paintEvent()、mousePressEvent()等事件处理函数。这是较普通、较简单的形式，同时功能也较简单，本例中的类mylabel采用了这种形式。在"mylabel.h"和"mylabel.cpp"中对鼠标事件进行了重定义。

- 重写event()函数。event()函数是所有对象的事件入口，在QObject和QWidget中的实现，默认把事件传递给特定的事件处理函数。在本例中，在"mywidget.h"和"mywidget.cpp"中分别声明与重定义了event()事件，实现QWidget组件对大写字母"A"键的监听。

- 在特定对象上安装事件过滤器。该过滤器仅过滤该对象接收到的事件，在本例中，对"label_2"进行鼠标事件过滤，"mywidget.cpp"对其具体实现是下面的2行代码。

```
ui->label_2->installEventFilter(this);// 安装过滤器
// 建立事件过滤器
bool MyWidget::eventFilter(QObject *obj, QEvent *e);
```

- 在QCoreApplication::instance()上安装事件过滤器。该过滤器将过滤所有对象的所有事件，和

notify() 函数一样强大，但是更灵活，因为可以安装多个过滤器。全局的事件过滤器可以看到 disabled 组件上发出的鼠标事件，但全局过滤器只能用在主线程。

- 重写 QCoreApplication::notify() 函数。功能较强大，和全局事件过滤器一样提供完全控制，并且不受线程的限制，但全局范围内只能有一个被使用（因为 QCoreApplication 是单例的）。

 绘图

Qt 中提供了强大的 2D 绘图系统，可以使用相同的应用程序接口（Application Programming Interface，API）在屏幕和绘图设备上进行绘制，整个绘图系统基于 QPainter、QPainterDevice 及 QPaintEngine 这 3 个类，本节主要介绍如何绘图。

### · 6.4.1 画笔

画笔（QPainter）用来执行绘制的操作；QPaintDevice 是一个抽象的二维空间，这个二维空间允许 QPainter 在其上面进行绘制，也就是 QPainter 工作的空间；QPaintEngine 提供了 QPainter 在不同的设备上进行绘制的统一接口。QPaintEngine 类应用于 QPainter 和 QPaintDevice 之间，通常对开发人员是透明的。除非自定义一个设备，否则不需要关心 QPaintEngine 这个类。可以把 QPainter 理解成画笔；把 QPaintDevice 理解成使用画笔的对象，如纸张、屏幕等。而对于纸张、屏幕而言，肯定要使用不同的画笔进行绘制。为了统一使用一种画笔，设计了 QPaintEngine 类，这个类让不同的纸张、屏幕都能使用一种画笔。

这 3 个类之间的层次结构如图 6-69 所示。

图 6-69　QPainter、QPaintEngine 及 QPaintDevice 3 个类的关系

如图 6-69 所示，Qt 的绘图系统实际上是使用 QPainter 在 QPainterDevice 上进行绘制，它们之间使用 QPaintEngine 进行通信（也就是翻译 QPainter 的指令）。

下面将通过实例 6-15 介绍 QPainter 的使用。

例 6-15：QPainter。

具体操作过程如下。

- 通过向导程序创建基类为 QWidget、类名为 PainterWidget 的项目 6-15。
- 重写 QWidget 的 paintEvent() 函数，代码如下。

```
//PainterWidget.h
void paintEvent(QPaintEvent *);
```

PainterWidget.cpp 文件代码如下。

```
PainterWidget::PainterWidget(QWidget *parent)
    : QWidget(parent)
```

```
, ui(new Ui::PainterWidget)
{
    resize(800, 600);
    setWindowTitle(tr("Paint Demo"));
}
void PainterWidget::paintEvent(QPaintEvent *)
{
    QPainter painter(this);
    painter.drawLine(80, 100, 650, 500);// 绘制线段
    painter.setPen(Qt::red);
    painter.drawRect(10, 10, 100, 400);// 绘制矩形
    painter.setPen(QPen(Qt::green, 5));// 画笔
    painter.setBrush(Qt::blue);// 画刷
    painter.drawEllipse(50, 150, 400, 200);// 绘制轮廓线
}
```

例 6-15 运行结果如图 6-70 所示。

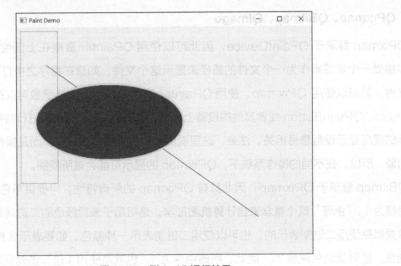

图 6-70　例 6-15 运行结果

例 6-15 代码解析如下。

- 在构造函数中，程序设置了窗口的大小和标题。而 paintEvent() 函数则是绘制的代码。首先，在栈上创建了一个 QPainter 对象，也就是说，每次运行 paintEvent() 函数的时候，都会重建这个 QPainter 对象。注意，这一点可能会引发某些细节问题：由于每次都要重建 QPainter 对象，因此第一次运行时所设置的画笔颜色、状态等，在第二次进入这个函数时就会全部丢失。有时候用户希望保存画笔状态，就必须自己保存数据，否则需要将 QPainter 作为类的成员变量。

- QPainter 接收一个 QPaintDevice 指针作为参数。QPaintDevice 有很多派生类，如 QImage 和 QWidget。注意 QPaintDevice 可以理解为要在哪里绘制，现在希望画在这个组件上，因此传入的是 this 指针。

- QPainter 有很多以 draw 开头的函数，用于各种图形的绘制，如这里的 drawLine()、drawRect() 以及 drawEllipse() 等。当绘制轮廓线时，使用 QPainter 的 pen() 属性。如调用 painter. setPen(Qt::red) 将 pen 设置为红色，则下面绘制的矩形具有红色的轮廓线。接下来，将 pen 修

185

改为绿色、5px 宽（painter.setPen(QPen(Qt::green, 5))），设置画刷为蓝色。这时候再调用 draw() 函数，绘制的则是具有绿色 5px 宽轮廓线、蓝色填充的椭圆。

## · 6.4.2  绘图设备

绘图设备是指继承 QPainterDevice 的派生类。Qt 一共提供了 4 个这样的类，分别是 QPixmap、QBitmap、QImage 及 QPicture。

- QPixmap 专门为图像在屏幕上的显示做优化。
- QBitmap 是 QPixmap 的一个派生类，它的色深限定为 1，可以使用 QPixmap 的 isQBitmap() 函数来确定这个 QPixmap 是不是一个 QBitmap。
- QImage 专门为图像的像素级访问做优化。
- QPicture 可以记录和重现 QPainter 的各条命令。

### ■ 1. QPixmap、QBitmap、QImage

QPixmap 继承于 QPaintDevice，因此可以使用 QPainter 直接在上面绘制图形。QPixmap 也可以接受一个字符串作为一个文件的路径来显示这个文件，如想在程序之中打开 PNG、JPEG 之类的文件，就可以使用 QPixmap。使用 QPainter 的 drawPixmap() 函数可以把这个文件绘制到一个 QLabel、QPushButton 或者其他的设备上面。QPixmap 是针对屏幕进行特殊优化的，因此，它与实际的底层显示设备息息相关。注意，这里说的显示设备并不是硬件，而是操作系统提供的原生的绘图引擎。所以，在不同的操作系统下，QPixmap 的显示可能会有所差别。

QBitmap 继承于 QPixmap，因此具有 QPixmap 的所有特性，可提供单色图像。QBitmap 的色深始终为 1。"色深"这个概念来自计算机图形学，是指用于表现颜色的二进制数的位数。计算机里面的数据都是使用二进制表示的，也可以使用二进制表示一种颜色。如要表示 8 种颜色，需要用 3 位二进制数，这时就说色深是 3。 因此，所谓色深为 1，也就是使用 1 位二进制数表示颜色。1 位二进制数只有两种状态：0 和 1，因此它所表示的颜色就有两种：黑和白。所以说，QBitmap 实际上是只有黑、白两色的图像数据。

由于 QBitmap 色深较小，只占用很少的存储空间，所以适合用作光标文件和笔刷。

QPixmap 使用底层平台的绘制系统进行绘制，无法提供像素级别的操作，而 QImage 则是使用独立于硬件的绘制系统，实际上是"自己绘制自己"，因此提供了像素级别的操作，并且能够在不同系统上提供一致的显示形式。

下面将通过例 6-16 演示 QImage 的使用。

例 6-16：QImage 的使用。

具体操作过程如下。

修改 painterwidget.cpp 文件，代码如下。

```
void PainterWidget::paintEvent(QPaintEvent *)
{
    QPainter painter(this);
```

```
QImage image(300, 300, QImage::Format_RGB32);
QRgb value;
// 将图片背景填充为白色
image.fill(Qt::white);
// 改变指定区域的像素点的值
for(int i=50; i<100; ++i)
{
    for(int j=50; j<100; ++j)
    {
        value = qRgb(255, 0, 0); // 红色
        image.setPixel(i, j, value);
    }
}
// 将图片绘制到窗口
painter.drawImage(QPoint(0, 0), image);
}
```

例 6-16 运行结果如图 6-71 所示。

项目解析如下。首先声明了一个 QImage 对象,大小是 300px×
300px,颜色模式是 RGB32。然后对每个像素进行颜色赋值,从而构
成了这个图像。可以把 QImage 想象成一个 RGB 颜色的二维数组,记
录了每一个像素的颜色。

QImage 与 QPixmap 的区别如下。

图 6-71 例 6-16 运行结果

- QPixmap 主要用于绘图,针对屏幕显示而进行优化设计; QImage
  主要是为图像输入 / 输出(Input/Output,I/O)、图像访问及像素
  修改而设计的。

- QPixmap 依赖于所在平台的绘图引擎,如反锯齿等效果在不同的平台上可能会有不同的显示;
  QImage 使用 Qt 自身的绘图引擎,可在不同平台上具有相同的显示效果。

- 由于 QImage 是独立于硬件的,也是一种 QPaintDevice,因此可以在另一个线程中对其进行绘
  制,而不需要在 GUI 线程中处理,使用这一方式可以大幅度提高 UI 的响应速度。

- QImage 可通过 setPixpel() 和 pixel() 等方法直接存取指定的像素。

QImage 与 QPixmap 之间的转换如下。

- QImage 转 QPixmap

使用 QPixmap 的静态成员函数 fromImage(),语法如下。

QPixmap    fromImage(const QImage & image, Qt::ImageConversionFlags flags = Qt::AutoColor);

- QPixmap 转 QImage

使用 QPixmap 类的成员函数 toImage(),语法如下。

QImage toImage() const;

### 2. QPicture

QPicture 是一个可以记录和重现 QPainter 命令的绘图设备。QPicture 将 QPainter 的命令序
列化到一个 I/O 设备,保存为一个独立的文件格式。这种格式有时候会是"元文件"(meta- files)。

Qt 的这种格式是二进制的，不同于某些本地的元文件，Qt 的 picture 文件没有内容上的限制，只要是能够被 QPainter 绘制的元素，不论是字体还是 pixmap，或者是变换，都可以保存进一个 picture 中。

QPicture 是与平台无关的，因此它可以使用在多种设备之上，如 SVG、PDF、PS、打印机或者屏幕。这里所说的 QPaintDevice，实际上可以有 QPainter 绘制的对象。QPicture 使用操作系统的分辨率，并且可以调整 QPainter 来消除不同设备之间的显示差异。

如果要记录下 QPainter 的命令，首先要使用 QPainter::begin() 函数，将 QPicture 作为参数传递进去，以告诉程序开始记录，记录完毕后使用 QPainter::end() 命令终止。下面继续通过示例讲解 QPicture。

重写例 6-16 painterwidget.cpp 文件中的 paintEvent() 函数，代码如下。

```
void PainterWidget::paintEvent(QPaintEvent *)
{
    QPicture pic;
    QPainter painter;
    // 将图像绘制到 QPicture，并保存到文件中
    painter.begin(&pic);
    painter.drawEllipse(20, 20, 100, 50);
    painter.fillRect(20, 100, 100, 100, Qt::red);
    painter.end();
    pic.save("D:\\drawing.pic");
    // 将保存的绘图动作重新施加到设备上
    pic.load("D:\\drawing.pic");
    painter.begin(this);
    painter.drawPicture(200, 200, pic);
    painter.end();
}
```

运行结果如图 6-72 所示。

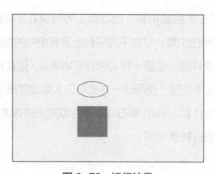

图 6-72　运行结果

# 6.5 多窗体

在 Qt 编程中经常会遇到要在多个界面之间切换的情况，如从登录界面跳转到主界面，从主界面跳转到设置界面，再返回到主界面。下面通过例 6-17 进行说明。

例 6-17：多窗体。

具体操作过程如下。

创建项目 6-17。在 Qt 中通过向导程序新建项目 6-17，基类为 QMainWindow，类名为 LoginWin，如图 6-73 所示。

Qt Widgets Application
Location
Build System
Details
Translation
Kits
Summary
Class Information
Specify basic information about the classes for which you want to generate skeleton source code files.
Class name: LoginWin
Base class: QMainWindow
Header file: loginwin.h
Source file: loginwin.cpp
Generate form
Form file: loginwin.ui
下一步(N)
取消

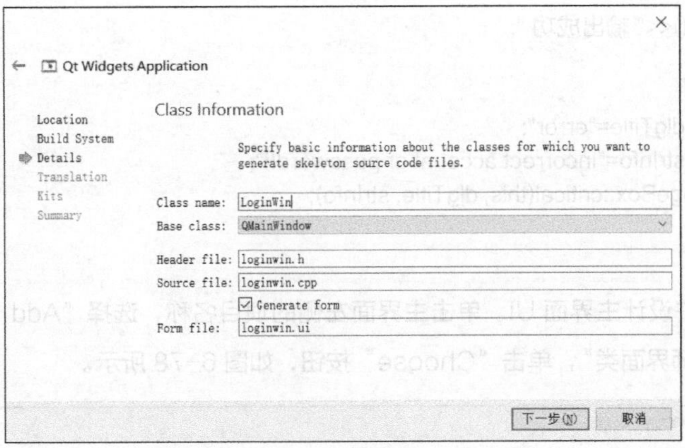

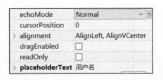

图 6-73　创建项目 6-17

登录 UI 的设计如图 6-74 所示。

用户名文本框属性设置如图 6-75 所示。

欢迎使用登录系统
用户名
密码
登录

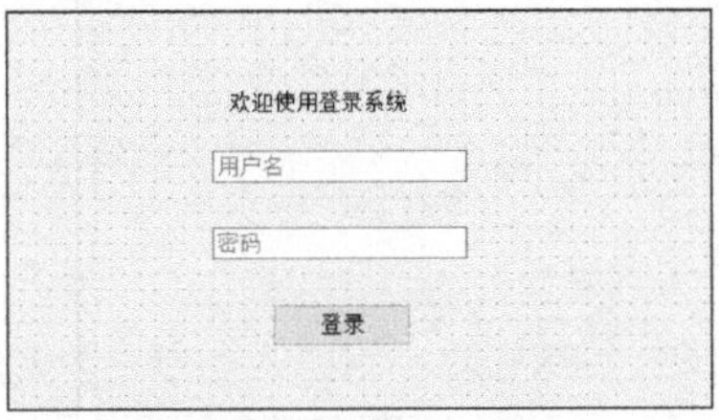

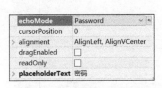

图 6-74　登录 UI 的设计

echoMode
Normal
cursorPosition
0
alignment
AlignLeft, AlignVCenter
dragEnabled
readOnly
placeholderText
用户名

图 6-75　用户名文本框属性设置

密码框属性设置如图 6-76 所示。

下面编写登录界面的信号和槽函数，当单击按钮的时候会发送 clicked() 信号，这样就可以与 QtLoginWin 的槽函数关联进行通信。首先修改控件的对象名 objectName：用户输入文本框为 userEdit，密码输入文本框为 passEdit，登录按钮文本框为 loginBt，如图 6-77 所示。

echoMode
Password
cursorPosition
0
alignment
AlignLeft, AlignVCenter
dragEnabled
readOnly
placeholderText
密码

图 6-76　密码框属性设置

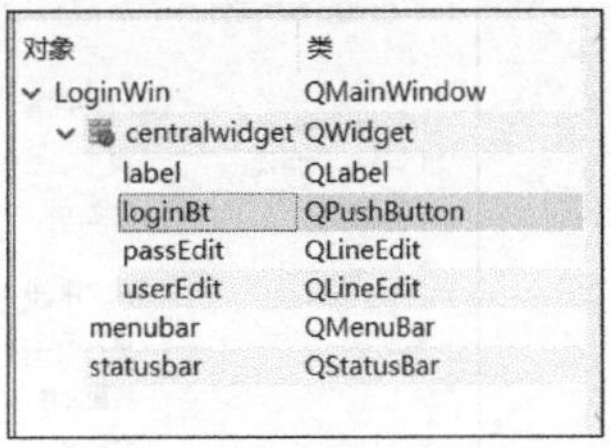

对象
类
LoginWin
QMainWindow
centralwidget
QWidget
label
QLabel
loginBt
QPushButton
passEdit
QLineEdit
userEdit
QLineEdit
menubar
QMenuBar
statusbar
QStatusBar

图 6-77　设置按钮对象名

然后选择“登录”按钮，单击鼠标右键，在弹出的快捷菜单中选择“转到槽”，编写按钮 clicked() 信号对应的槽函数，代码如下。

```
void LoginWin::on_loginBt_clicked()
{
    QString username = "root";
```

```
        QString psd = "123456";
        if( (ui->userEdit->text() == username) && (ui->passEdit->text() == psd ))
        {
            qDebug()<<" 输出成功 ";
        }
        else{
            QString dlgTitle="error";
            QString strInfo="Incorrect account or password!!";
            QMessageBox::critical(this, dlgTitle, strInfo);
        }
    }
```

　　添加主界面，并设计主界面 UI。单击主界面左侧的项目名称，选择"Add New"添加新文件，然后添加"Qt 设计师界面类"，单击"Choose"按钮，如图 6-78 所示。

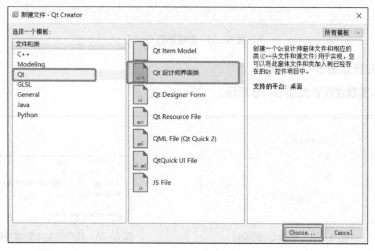

图 6-78　通过向导创建窗口

　　界面模板选择"MainWindow"，类名为 MainWindow 即可，单击"下一步"按钮。MainWindow 窗口创建如图 6-79 所示。

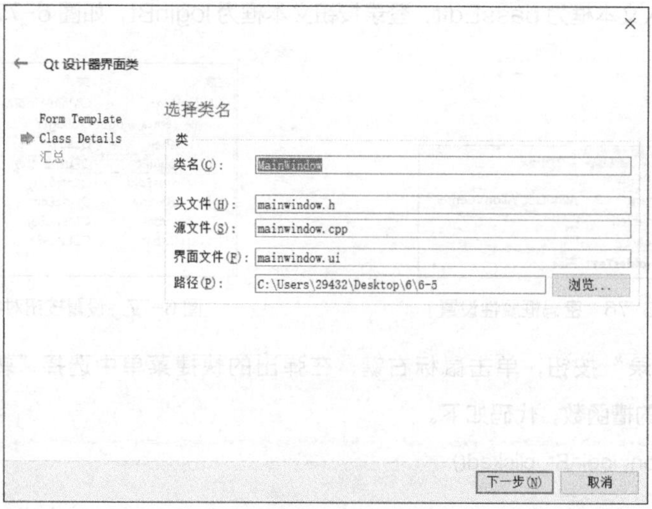

图 6-79　MainWindow 窗口创建

设计主窗口（主界面）MainWindow 的 UI，主界面 UI 如图 6-80 所示。

按同样的方式创建并设计 SetWin 窗口的设置界面，设置界面 UI 如图 6-81 所示。

| 图 6-80  主界面 UI | 图 6-81  设置界面 UI |

登录界面 loginwin.cpp 修改部分代码，在登录按钮对应的槽函数中创建主界面对象并显示主界面即可。主界面显示出来后登录界面就可以销毁了。创建的时候注意主界面要单独创建，不能与登录界面有关联。主要代码如下（注意添加头文件）。

```
void LoginWin::on_loginBt_clicked()
{
    QString username = "root";
    QString psd = "123456";
    if( (ui->userEdit->text() == username) && (ui->passEdit->text() == psd ))
    {// 检查用户名和密码
        // 正确则跳转到主界面
        MainWindow *win = new MainWindow;
        win->show();
        this->close();// 这里不能用 delete，因为 this 是 main() 主函数中创建的栈空间，系统自动释放
    }
    else{// 对话框提示用户名或者密码错误
        QString dlgTitle="error";
        QString strInfo="Incorrect account or password!!";
        QMessageBox::critical(this, dlgTitle, strInfo);
    }
}
```

跳转到主界面，单击主界面"注销"按钮的时候返回到登录界面（这种操作不是经常性操作，所以开始登录的时候已经关闭窗口了，那么现在要让登录界面显示就要重新创建一个界面）。在 mainwindow.ui 中单击"退出登录"按钮，单击鼠标右键，在弹出的快捷菜单中选择"转到槽"，设置 clicked() 信号的槽函数，代码如下（注意添加头文件，包含其他窗体）。

```
#include "mainwindow.h"
#include "ui_mainwindow.h"
#include"loginwin.h"
#include"setwin.h"
void MainWindow::on_pushButton_clicked()
{
    LoginWin *win = new LoginWin;// 创建登录界面
    win->show();// 显示登录界面
    delete this;// 把主界面删除
}
```

下面来实现由主界面跳转到设置界面，再从设置界面返回到主界面。

由主界面跳转到设置界面：在 mainwindow.ui 中选择"设置"按钮，单击鼠标右键，在弹出的快捷菜单中选择"转到槽"，设置 clicked() 信号的槽函数，代码如下。

```
void MainWindow::on_pushButton_2_clicked()
{
    // 创建设置界面，并且把 this 传入设置界面用于后面的返回
    // 注意 MainWindow、SetWin 窗口的界面在设计的时候选择 MainWindow 界面模板设计实现
    setWin *win = new setWin(this);
    win->show();
    this->hide(); // 主界面隐藏（后期直接可以显示）
}
```

再从设置界面返回主界面：在 setwin.ui 中单击"返回主窗口"按钮，单击鼠标右键，在弹出的快捷菜单中选择"转到槽"，设置 clicked() 信号的槽函数，代码如下。

```
void setWin::on_pushButton_clicked()
{
    this->parentWidget()->show();
    delete this;// 释放设置界面
}
```

运行程序，登录界面如图 6-82 所示。

单击"登录"按钮，主界面如图 6-83 所示。

图 6-82　登录界面

图 6-83　主界面

单击"设置"按钮，设置界面如图 6-84 所示。

单击"返回主窗口"按钮，主界面如图 6-85 所示。

图 6-84　设置界面

图 6-85　主界面

单击主界面的"退出登录"按钮，返回到登录界面，如图 6-86 所示。

用户名错误或密码错误提示如图 6-87 所示。

图 6-86 返回到登录界面      图 6-87 用户名错误或密码错误提示

# 6.6 资源文件

Qt 资源系统是一个跨平台的资源系统，用于存储应用程序的可执行二进制文件，采用与平台无关的机制。如果程序需要加载特定的资源（图标、文本翻译等），可将其放置在资源文件中，不用担心这些文件丢失。资源的相关操作通过例 6-18 进行说明。

例 6-18：添加资源文件。

具体操作过程如下。

（1）首先创建一个基类为 QWidget 的项目，可以很方便地创建资源文件。在左上角的项目上单击鼠标右键，在弹出的快捷菜单中选择"添加新文件"，打开"新建文件"对话框，选择"Qt"，并选择"Qt Resource File"，如图 6-88 所示。

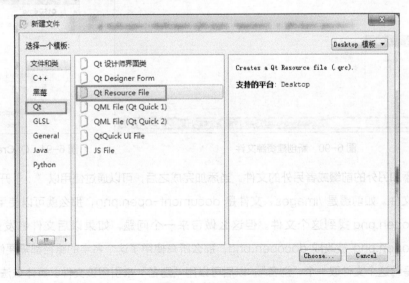

图 6-88 添加资源文件

（2）单击"Choose"按钮，进入下一界面，打开"新建 Qt 资源文件"对话框，输入资源文件的名称和路径，如图 6-89 所示。

图 6-89　资源文件位置

（3）单击"下一步"按钮，选择所需要的版本控制系统，然后直接选择"完成"。此时在 Qt Creator 界面的左侧文件列表中可看到"资源"项，即新创建的资源文件，如图 6-90 所示。

（4）界面下方编辑区有个"添加"按钮，首先需要添加前缀，可将前缀取名为"images"。然后选择这个前缀，继续单击添加文件，可以找到所需添加的文件，选择"document-open.png"文件，如果要添加其他文件，该文件也必须在该资源文件夹所在的位置。当操作完成之后，Qt Creator 界面如图 6-91 所示。

图 6-90　新创建资源文件

图 6-91　Qt Creator 界面

还可以添加另外的前缀或者另外的文件。当添加完成之后，可以通过使用以"："开头的路径来找到添加的文件。如前缀是 /images，文件是 document-open.png，那么就可以使用 :/images/document-open.png 找到这个文件。但这么做带来一个问题，如果以后文件名发生更改，如 document-open.png 被改成 docopen.png，那么所有使用了这个名字的路径都需要修改。所以，更好的办法是给这个文件取一个"别名"，以后可以用"别名"来引用该文件。具体做法是，选择这个文件，并添加别名信息。具体操作如图 6-92 所示。

这样，可以直接使用 :/images/doc-open 引用这个文件，而无须关心实际文件名。

如果使用文本编辑器打开 res.qrc 文件，可以看到以下内容。

图 6-92　资源文件位置 4

```
<RCC>
    <qresource prefix="/images">
        <file alias="doc-open">document-open.png</file>
    </qresource>
    <qresource prefix="/images/fr" lang="fr">
        <file alias="doc-open">document-open-fr.png</file>
    </qresource>
</RCC>
```

可以对比看看 Qt Creator 是如何生成 qrc 文件的。编译工程之后，可以在构建目录中找到 qrc_res.cpp 文件，这就是 Qt 将资源编译成的 C++ 代码文件。

下面通过例 6-19 演示资源文件的应用。假设已经通过向导创建项目"Qt5Demo""Qt5Dem2"，以及别名分别为 doc-open 和 doc-open-JJL 的 2 个资源文件。在界面上添加一个 QLabel 控件，名为"label"；添加一个按钮 QPushButton，名为"pushButton"。操作界面如图 6-93 所示。

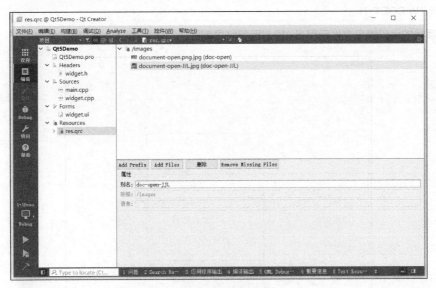

图 6-93　操作界面

例 6-19：资源文件图片。

选择"QPushButton"，单击鼠标右键，在弹出的快捷菜单中选择"转到槽"，添加 clicked()
槽函数，在 eWidget.cpp 文件中添加如下代码。

```
void Widget::on_pushButton_pressed()
// 槽函数，当 UI 的按钮被按下时，label 将显示图片
{
    QImage *img=new QImage;
    img->load(":/images/doc-open");// 加载资源文件的图片
    QSize laSize=ui->label->size();// 获取 UI 中 label 的大小
QImage image1=img->scaled(laSize,Qt::IgnoreAspectRatio);
// 重新调整图片大小以适应窗口
    ui->label->setPixmap(QPixmap::fromImage(image1));// 显示
}
#Widget.h 文件包含 QPixmap 头文件，QPixmap 用于加载图片
#ifndef WIDGET_H
#define WIDGET_H
#include <QPixmap>
#include <QWidget>
QT_BEGIN_NAMESPACE
namespace Ui { class Widget; }
QT_END_NAMESPACE
class Widget : public QWidget
{
    Q_OBJECT
public:
    Widget(QWidget *parent = nullptr);
    ~ Widget();
private slots:
    void on_pushButton_pressed();
private:
    Ui::Widget *ui;
};
#endif // WIDGET_H
```

整个项目的代码请见文件示例 6-19，运行结果如图 6-94 所示。

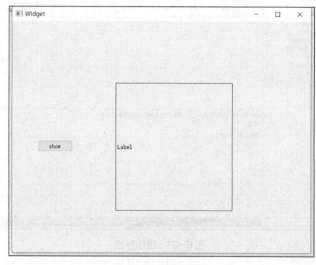

图 6-94　运行结果 1

单击"show"按钮读入资源文件"/images/doc-open",运行结果如图 6-95 所示。

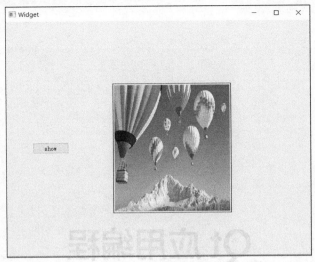

图 6-95 运行结果 2

# 6.7 小结

通过第 6 章的学习和练习,应该重点掌握模态对话框、非模态对话框的区别和使用场景,对 Qt 事件机制的理解和实际编程能力也应该加强。同时应掌握 6.1 节介绍的组件的使用方法、6.2 节介绍的几种对话框的使用方法、6.4 节介绍的在窗口绘制和显示图片的操作,以及 6.5 节讲解的窗口的切换。6.3 节介绍的事件是本章的难点,应该了解和加强练习,以提高实际开发程序的效率,同时也为本书后文内容的学习打好基础。

# 6.8 习题

1. 将定时器和进度条控件结合,设置进度条每个定时周期从 0 开始,每次添加 1,进度条增加到 100 后又重新开始。

2. 试实现一个简易画板。工具栏中提供直线、矩形等按钮,用户可在下面的画板中利用这些按钮绘制图形。

3. 试实现一个简单的文本编辑器,包含菜单栏和工具栏,可以打开和保存文件,并执行简单的操作:剪切、复制以及全选等。

4. 试编写一个简单的图书信息管理系统,有读者和管理员两类用户可登录,管理员可以发布和修改图书信息,读者可以查看图书是否已被借阅。注:管理员、读者及图书的信息可以存放在 .txt 文件中。

5. 结合 6.4 节绘图部分的内容,设计一个"贪吃蛇"游戏。

# 第7章

# Qt 应用编程

前文介绍了 Qt 的运行机制，包括 Qt 的基本语法、Qt 的可视化 UI 布局、一些常见的控件等，通过这些知识和工具可以做出一个简洁的窗口程序。但是目前为止，Qt 的窗口程序功能有些单一，只能实现基本的事件，如响应鼠标、键盘等。从本章开始我们将深入学习 Qt 中的核心功能库，如文件操作、多线程、网络编程以及数据库的应用编程。

本章主要内容和学习目标如下。

- 文件操作。
- 多线程。
- 网络应用编程。
- 数据库应用编程。

# 7.1 文件操作

文件操作通常是一个程序必有的功能，如文档编辑的工具 Word、Excel 等，都需要进行读取文件、编辑文件、保存文件等操作。Qt 作为一个跨平台的编程框架，提供了一套完整的文件操作体系，使用 QFile 来描述文件，使用一系列流对象来操作文件，如 QTextStream、QDataStream 等。

## · 7.1.1 QFile

在 Qt 中，一般使用 QFile 来描述文件。QFile 类提供一个用于读 / 写文件的接口，可以用来读 / 写文本文件、二进制文件。QFile 可以单独使用，QFile 内的成员函数 read()、readAll() 都可以读取文件的内容并返回字节数组，经过程序处理后将之转换为所需要的数据。而 QFile 通常和QTextStream 或者 QDataStream 配合使用，将 QFile.read() 返回的字节数组经 stream 流对象自动处理为字符串，更便于程序调用。下面简要介绍 QFile 的使用方法，例 7-1 为一个使用 QFile 读取文件的例子。

例 7-1：使用 QFile 读取文件。

```cpp
#include <QApplication>
#include <QFile>
#include <QDebug>
#include <QFileInfo>
int main(int argc, char *argv[])
{
    QApplication app(argc, argv);
    QFile file("D:/main.cpp");// 打开文件，参数为文件名，可复制文件到 D 盘
    // 打开方式为只读，格式为文本格式
    if (!file.open(QIODevice::ReadOnly | QIODevice::Text)) {
        qDebug() << "Open file failed.";
        return −1;
    } else {
        while (!file.atEnd()) {// 没有到文件的末尾
            qDebug() << file.readLine();// 从文件中读取一行，以 "\n" 进行分割
        }
    }
    QFileInfo info(file);// 输出文件信息
    qDebug() << info.isDir();
    qDebug() << info.isExecutable();
    qDebug() << info.baseName();
    qDebug() << info.completeBaseName();
    qDebug() << info.suffix();
    qDebug() << info.completeSuffix();
    return app.exec();
}
```

运行程序，可得到图 7-1 所示的运行结果。

```
Starting D:\20200701qt7code\build-7-1-Desktop_Qt_5_7_0_MinGW_32bit-Debug\debug
\7-1.exe...
"#include <QApplication>\n"
"#include <QFile>\n"
"#include <QDebug>\n"
"#include <QFileInfo>\n"
"\n"
"int main(int argc, char *argv[])\n"
"{\n"
"\n"
"    QFile file(\"main.cpp\");//\xE6\x89\x93\xE5\xBC\x80\xE6\x96\x87\xE4\xBB
\xB6,\xE5\x8F\x82\xE6\x95\xB0\xE4\xB8\xBA\xE6\x96\x87\xE4\xBB\xB6\xE5\x90\x8D
\n"
```

图 7-1   运行结果

尽管使用 QFile 可对文件进行读取等操作，但通常使用 QDataStream 等流来操作文件。因为流对象使用了缓存机制，效率通常比较高。QFileInfo 对象用来输出一些文件的信息，成员函数如下。

- isDir()：该文件是否为目录。
- isExecutable()：该文件是否为可执行文件。
- baseName()：获得文件名。
- completeBaseName()：获取完整的文件名。
- suffix()：直接获取文件扩展名。
- completeSuffix()：获取完整的文件扩展名。

由下面的示例可以看到，baseName()（文件名）和 completeBaseName()（文件名和扩展名），以及 suffix()（从最后一个"."开始的部分扩展名）和 completeSuffix()（从第一个"."开始的全部扩展名）的区别。

```
QFileInfo fi("D:/file.tar.gz");
QString base = fi.baseName(); // base = "file"
QString base = fi.completeBaseName(); // base = "file.tar"
QString ext = fi.suffix();  // ext = "gz"
QString ext = fi.completeSuffix(); // ext = "tar.gz"
```

## 7.1.2   QTextStream

可使用 QTextStream 配合 QFile 来处理文本文件，由于 QTextStream 内部使用了缓存技术，这样的效率仅比使用 QFile 高。QTextStream 的使用方法与 C++ 中的 std::cout 流类似，例 7-2 为使用 QtextStream 读文件的操作示例。

例 7-2：使用 QtextStream 读文件。

```
#include <QApplication>
#include <QFile>
#include <QDebug>
#include <QTextStream>
#include <QString>
int main(int argc, char *argv[])
{
    QApplication app(argc, argv);
    QFile file("D:/main.cpp");
    if (!file.open(QIODevice::ReadOnly | QIODevice::Text)) {
```

```
            qDebug() << "Open file failed.";
            return -1;
        } else {
            QTextStream in(&file);
            QString str;
            while( !in.atEnd()) { // 没有到达文件的末尾
                in >> str; // 从流中读入 str
                qDebug() << str;
            }
        }
        return app.exec();
    }
```

程序运行结果如图 7-2 所示。

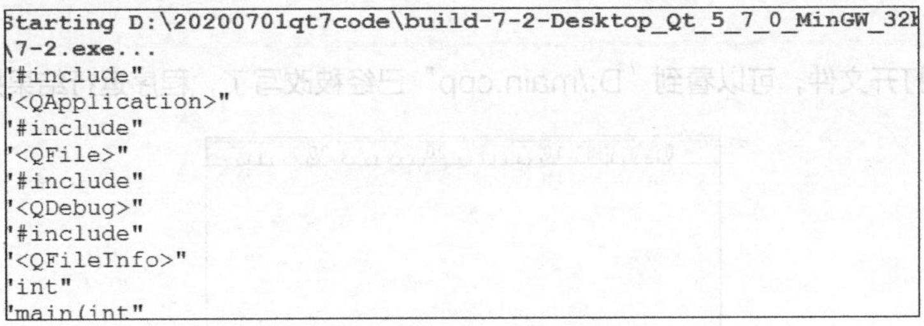

```
Starting D:\20200701qt7code\build-7-2-Desktop_Qt_5_7_0_MinGW_32b
\7-2.exe...
"#include"
"<QApplication>"
"#include"
"<QFile>"
"#include"
"<QDebug>"
"#include"
"<QFileInfo>"
"int"
"main(int"
```

图 7-2  程序运行结果

可使用 QTextStream 读取文件并将其初始化为一个流对象。QTextStream 读取字符串与 cin 读取字符串类似,都是以空格等分隔符分割字符串。同时,QTextStream 也提供了其他读取方式,示例如下。

```
QTextStream::readLine();// 读取一行
QtextStream::readAll();  // 读取所有文本
```

使用 QTextStream 打开文件并写入有多种方式,可实现对打开文件的权限控制,具体操作如下。

```
QIODevice::NotOpen              // 未打开
QIODevice::ReadOnly             // 以只读方式打开
QIODevice::WriteOnly            // 以只写方式打开
QIODevice::ReadWrite            // 以读写方式打开
QIODevice::Append               // 以追加的方式打开,新增加的内容将被追加到文件末尾
QIODevice::Truncate             // 以重写的方式打开,在写入新的数据时会将原有数据全部清除,
// 游标设置在文件开头
QIODevice::Text                 // 在读取时,将行结束符转换成 "\n";在写入时,将行结束符转换
// 成本地格式,如 Win32 平台上是 "\r\n"
    QIODevice::Unbuffered       // 忽略缓存
```

例 7-3 为一个使用 QtextStream 对文件进行写操作的例子。

例 7-3:使用 QtextStream 写文件。

```
#include <QApplication>
#include <QFile>
#include <QDebug>
#include <QTextStream>
```

```
#include <QString>
int main(int argc, char *argv[])
{
    QApplication app(argc, argv);
    QFile file("D:/main.cpp");
    if (!file.open(QFile::WriteOnly | QIODevice::Truncate)) {
        qDebug() << "Open file failed.";
        return -1;
    } else {
        QTextStream out(&file);
        out << "Hello world";
    }
    file.close();
    return app.exec();
}
```

程序运行后打开文件，可以看到"D:/main.cpp"已经被改写了，程序运行结果如图 7-3 所示。

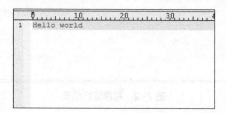

图 7-3  程序运行结果

### · 7.1.3  QDataStream

在程序中可以通过 QTextStream 操作文本文件，如 .txt 文件。这种文件较大，会浪费空间，所以一般使用二进制文件来保存数据。二进制文件的格式需要自己定义，读取文件也需要按照顺序读取，否则会读取出错误的数据。下面给出 2 个读写二进制文件的例子。例 7-4-1 是使用 QFile 写二进制文件的示例。

例 7-4-1：使用 QFile 写二进制文件。

```
#include <QApplication>
#include <QFile>
#include <QDebug>
#include <QDataStream>
#include <QString>
int main(int argc, char *argv[])
{
    QApplication app(argc, argv);
    QFile file("D:/main.cpp");
    if (!file.open(QFile::WriteOnly | QIODevice::Truncate)) {
        qDebug() << "Open file failed.";
        return -1;
    } else {
        QDataStream out(&file);
        out << QString("Hello world")<<qint32(1);
```

```
        qDebug() <<"write successfully";
        file.close();
    }
    return app.exec();
}
```

程序运行后，通过记事本查看二进制文件，会发现是乱码，如图 7-4 所示。

```
        0 1 2 3 4 5 6 7 8 9 a b c d e f
00000000h: 00 00 00 18 00 48 00 65 00 6C 00 6C 00 6F 00 01 ; .....H.e.l.l.o.
00000010h: 00 77 00 6F 00 72 00 6C 00 64 00 32 00 00 00 01 ; .w.o.r.l.d.2....
```

图 7-4 通过记事本查看文件

例 7-4-2 为使用 QDataStream 读取二进制文件的示例。

例 7-4-2：使用 QDataStream 读取二进制文件。

```
#include <QApplication>
#include <QFile>
#include <QDebug>
#include <QDataStream>
#include <QString>
int main(int argc, char *argv[])
{
    QApplication app(argc, argv);

    QFile file("D:/main.cpp");
    if (!file.open(QFile::ReadOnly)) {
        qDebug() << "Open file failed.";
        return −1;
    } else {
        QDataStream in(&file);
        QString str;
        qint32 i;
        in>>str>>i;
        qDebug() << str << i;
        file.close();
    }
    return app.exec();
}
```

程序运行结果如图 7-5 所示，可以正常读出文件内容。

```
Starting D:\20200701qt7code\build-7-4-2-Desktop_Qt_5_7_0_MinGW_32bit-Debug
\debug\7-4-2.exe...
SHIMVIEW: ShimInfo(Complete)
"Hello world2" 1
D:\20200701qt7code\build-7-4-2-Desktop_Qt_5_7_0_MinGW_32bit-Debug\debug
\7-4-2.exe exited with code 0
```

图 7-5 程序运行结果

Qt 中的文本流 (QTextStream) 和数据流 (QDataStream) 的区别如下。

- QTextStream 是文本流，可用于操作轻量级数据 (int、double、QString)，数据被写入文件之后以文本的方式呈现。

- QDataStream 是数据流，通过数据流可以操作各种数据类型，包括类对象，存储到文件中的数据可以还原到内存。

QTextStream 和 QDataStream 都可以用于操作磁盘文件，也可以用于操作内存数据，通过流对象可以将数据打包到内存，进行数据传输。

# 7.2 多线程

到目前为止，编写的代码没有涉及多线程，通常程序都在一个线程中运行。当调用一个非常耗时的操作时，如读取一个地图模型，如果程序是单线程的，那么 UI 就会冻结，转而去加载地图模型文件到内存中，用户只能等待加载完毕而无法操作其他页面。Qt 为了解决这种耗时的操作问题，将多线程的技术引入，使得各个任务可以独立运行。多线程可以理解为人的一心多用。

Qt 中的多线程也是跨平台的，其使用方式有两种。一种是直接继承 QThread，重写 QThread 中的 run() 函数；另外一种是利用 QObject（QObject 是所有 Qt 对象的基类，是 Qt 模块的核心）原有的 moveToThread() 函数，通过事件驱动的方式启用多线程。理解多线程的概念对初学者而言稍有困难，本节将通过介绍继承 QThread 的多种方式帮助读者理解多线程。

## · 7.2.1　QThread

线程的概念对初学者而言较难理解，本小节将采用与代码结合的方式介绍多线程的内容。例 7-5 是一个十分经典的程序示例，希望读者能将这个例子理解透彻，为之后学习 Qt 独有的事件驱动方式打下基础。

例 7-5：多线程编程。

首先创建一个基类为 QMainWindow 的项目 ThreadExample，添加类 WorkThread，继承于类 QThread，代码如下。

```
//workthread.h
#include <QThread>
#include <QDebug>
class WorkThread : public QThread// 继承 Qt 中的线程类
{
public:
    WorkThread();
public:
    void run();// 重写 run() 函数
};
```

实现 run() 函数，代码如下。

```
void WorkThread::run()
{
    for(;;) {
        qDebug()<< "WorkThread："<<QThread::currentThreadId();
        sleep(1);// 程序停止工作 1s
```

```
    }
}
//main.cpp
#include "workthread.h"
int main(int argc, char *argv[])
{
    WorkThread wt1,wt2;
    wt1.run();// 由于 run() 函数中有一个无限循环，此后的主程序中的代码将无法执行
    wt2.run();// 此行及后续代码被线程 wt1 阻隔，无法运行
    for(;;) {
        qDebug() << "main()";
        QThread::sleep(1);// 程序停止工作 1s
    }
    return 0;
}
```

此时运行程序，运行结果如图 7-6 所示。

将 main.cpp 中的 wt1.run() 和 wt2.run() 分别改为 wt1.start() 和 wt2.start()，注意代码之间的区别。再次运行程序，运行结果如图 7-7 所示。

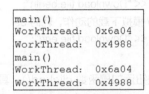

```
WorkThread:  0x6b78
WorkThread:  0x6b78
WorkThread:  0x6b78
WorkThread:  0x6b78
WorkThread:  0x6b78
WorkThread:  0x6b78
WorkThread:  0x6b78
WorkThread:  0x6b78
```

图 7-6　运行结果 1

```
main()
WorkThread:   0x6a04
WorkThread:   0x4988
main()
WorkThread:   0x6a04
WorkThread:   0x4988
```

图 7-7　运行结果 2

下面分析例 7-5，程序运行流程如图 7-8 所示。

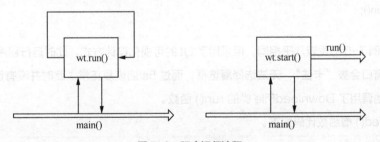

图 7-8　程序运行流程

当调用 run() 函数时，正常的程序运行流程应该是执行 run() 函数，执行到 run() 函数中的 return 语句后，返回 main() 函数继续运行。但由于 run() 函数被定义为无限循环，程序一直在 run() 函数中运行而不会返回 main() 函数，因此程序一直不停输出 "WorkThread"。

当调用 start() 函数时，Qt 将再开启一个工作线程，好比同时运行一个新程序，并用这个程序来单独执行 run() 函数。而程序中的 start() 函数返回 main() 函数后继续运行，最终在控制台中同时输出了 "WorkThread" 和 "main()"。

下面模拟一个场景，介绍多线程的应用，以便帮助读者理解多线程程序与一般程序的不同之处。

以下载网盘中的文件为例，当单击 "下载" 按钮时，程序将选定的某个文件下载至本地。但在下

载的过程中，仍需要继续浏览，寻找下一个需要下载的文件。在例 7-6 中，将以一个按钮模拟下载的动作，用多个复选框模拟待下载的文件，具体操作如下。

图 7-9　UI 设计

例 7-6：多线程文件下载。

首先创建一个基类为 QMainWindow 的项目 DownloadExample，UI 设计如图 7-9 所示。

新建一个基于类 QThread 的新类 DownloadFile，封装下载文件的相关功能，代码如下。

```
#include <QThread>
#include <QDebug>
class DownloadFile : public QThread
{
public:
    DownloadFile();
    void run();
};
void DownloadFile::run()
{
    qDebug() << "Download file begin";
    sleep(5);// 模拟下载的动作，耗时 5s
    qDebug() << "Download file end";
}
```

为"下载"按钮添加槽函数 clicked()，具体代码如下。

```
void MainWindow::on_pushButton_clicked()
{
    DownloadFile *df = new DownloadFile;
    df->run();
}
```

例 7-6 与例 7-5 的逻辑几乎相同，但采用了 Qt 的可视化设计方式。此时运行程序，单击"下载"按钮后，整个窗口会被"卡住"，无法选择复选框，而过 5s 后恢复正常。此时并没有运用多线程的技术，只是单纯地调用了 DownloadFile 类的 run() 函数。

更改 clicked() 槽函数代码如下。

```
void MainWindow::on_pushButton_clicked()
{
    DownloadFile *df = new DownloadFile;
    df->start();
}
```

此时运行程序，单击"下载"按钮后，在下载过程中可以选择复选框，解决了之前程序运行时单击"下载"按钮后整个窗口会被"卡住"的问题。

· 7.2.2　事件驱动方式

前文介绍了直接继承 QThread 的方法开启多线程。虽然继承 QThread 的方法很简单、方便，但在使用 Qt 4.7 及以后版本时，更推荐使用 Qt 的事件驱动方式，将需要在线程中处理的业务放在独立的模块（类）中，由主线程创建完该对象后，将其移交给指定的线程，且可以将多个类似的对象移交给同一个线程。在例 7-7 中，信号由主线程的 QTimer 对象发出，之后 Qt 会将关联事件放入对象 worker 所属线程的事件队列。

下面通过具体的代码介绍如何将对象交给线程处理。

例 7-7：线程处理对象。

首先创建一个基类为 QMainWindow 的项目 EventThread，并添加一个基于基类 QObject 的新类 workmodule，在头文件 workmodule.h 中添加以下代码。

```
private slots:
    void onTimeout();
```

编辑 workmodule.cpp 文件中的代码，具体如下。

```
void workmodule::onTimeout() {// 线程执行的函数
    qDebug() << " 当前线程 :"<< QThread::currentThread();
    int sum = 0;
    for(int i = 1; i <= 1000000; i++){// 求和计算，耗时操作
        sum =+ i;
    }
    qDebug() << " 处理完成 ";
}
```

编辑 main.cpp 文件中的代码，具体如下。

```
int main(int argc, char *argv[])
{
    QApplication app(argc, argv);
    qDebug()<<" 当前线程 "<<QThread::currentThreadId();
    QThread t;//Qt 中的线程类，这里用作子线程
    QTimer timer;// 用定时器自动触发事件
    workmodule worker;// 工作的类
    QObject::connect(&timer, SIGNAL(timeout()),
  &worker, SLOT(onTimeout()));// 将定时器的 timeout() 信号与 worker 对象的槽函数相连
    // 将 worker 对象移交给线程 t, 通过定时器定时触发 worker 对象的槽函数
    worker.moveToThread(&t);
    // 启动定时器
    timer.start(1000);
    // 启动线程
    t.start();
    return app.exec();
}
```

程序运行结果如图 7-10 所示。

在这个例子中，创建了 worker 对象，将其移交给指定的线程 "t"，并通过信号和槽机制将定时器和 worker 对象连接起来，每隔一段时间通过线程来执行 worker 对象的槽函数 onTimeout()。

多线程使用过程中的注意事项如下。

- 线程中尽量不要操作 UI 对象（从 QWidget 直接或间接派生的窗

```
当前主线程    0x118c4ddc0
当前线程: QThread(0x7ffee570ca58)
处理完成
当前线程: QThread(0x7ffee570ca58)
处理完成
```

图 7-10  程序运行结果

口对象）。

- 对于需要移动到子线程中处理的模块类，创建对象的时候不能指定基类对象。

### · 7.2.3 线程退出

一般情况下，当线程执行完函数时，就会停止工作并被回收，也可以通过显示调用多线程的退出函数使线程立刻停止工作。

如从网盘下载文件，当下载一个十分庞大的文件时，可能需要 10 多个小时甚至更久。但此时用户希望先关闭计算机，过一段时间再继续下载。这个时候，需要手动终止线程的运行，否则将出现不可避免的运行错误。

下面介绍与退出线程相关的函数。

- quit()：Qt 中以事件循环的方式来管理窗口的运行，子线程也通过事件循环的方式来运行。调用 quit() 函数相当于告诉线程的事件循环以"return 0"成功退出，相当于调用 QThread::exit(0)。而一旦没有了事件循环，线程将不会继续运行，并等待回收。如果线程没有事件循环，这个函数什么也不做。但如果线程正在执行事件的处理函数，则会等待处理完毕。

- exit()：与 quit() 类似。

- terminate()：强行终止线程的运行，如果线程正在休眠中，通常会报告运行错误。

下面通过例 7-8 介绍线程的启动与终止操作，新建项目 ThreadQuit，UI 设计如图 7-11 所示。

例 7-8：线程的启动与终止。

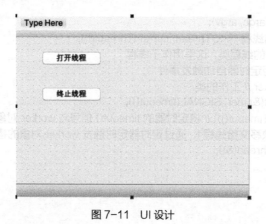

图 7-11　UI 设计

基于基类 QThread，添加新的类 WorkModule，具体代码如下。

```
#include <QObject>
#include <QThread>
#include <QDebug>
class WorkModule : public QObject
{
    Q_OBJECT
public:
    WorkModule();
public slots:
```

```
        void work();
};
void WorkModule::work() {
qDebug() << "WorkModule WORK";
        QThread::sleep(5);
        qDebug() << "WorkModule END";
}
```

mainwindow.h 文件中添加如下代码。

```
QThread* thread;
WorkModule* workModule;
```

修改 mainwindow.cpp 文件中的代码，使之如下。

```
MainWindow::MainWindow(QWidget *parent) :
        QMainWindow(parent),
        ui(new Ui::MainWindow)
{
ui->setupUi(this);
// 以事件驱动的方式开启线程
        thread = new QThread;
        workModule = new WorkModule;
        workModule->moveToThread(thread);
        thread->start();
        connect(ui->pushButton, &QPushButton::clicked, workModule, &WorkModule::work);
        connect(ui->pushButton_2, &QPushButton::clicked, [=](){
            thread->quit();// 结束线程的事件循环
            thread->wait();// 等待运行完成
            delete thread;
            delete workModule;
        });
}
```

此时运行程序，单击"打开线程"按钮后单击"终止线程"按钮，整个 UI 将被"冻结"，需等待
子线程工作完成，即 5s 后恢复。将 quit() 函数更改为 terminate() 函数，具体代码如下。

```
connect(ui->pushButton_2, &QPushButton::clicked, [=](){
        thread->terminate();// 强制结束子线程
        thread->wait();// 等待运行完成
        delete thread;
        delete workModule;
});
```

此时运行程序，如果在子线程运行结束前单击"终止线程"按钮，线程会立刻退出且报告运行错
误。所以在开发中应尽量避免使用terminate()函数，该方法过于"粗暴"，可能会造成资源不能释放，
甚至互斥锁还处于加锁状态，导致不可预料的异常产生。

## · 7.2.4  线程绘图

本小节将介绍如何结合线程的技术，通过线程绘图。例 7-9 采用事件驱动的方式开启线程，单击
按钮时线程开始工作，读取图像，读取完成后会发出信号通知主程序接收。主程序在接收到信号后，
将线程传输来的图像保存至自身的成员变量中，再调用 paintEvent() 窗口重绘事件以显示图像。

例 7-9：线程绘图。

首先创建一个基类为 QMainwindow 的项目 ThreadDraw，在设计模式界面的窗体设计器中分别拖入一个"PushButton"和一个"TextLabel"控件，UI 设计如图 7-12 所示。

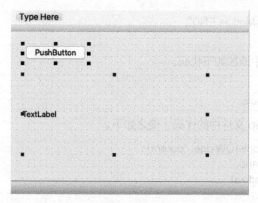

图 7-12　UI 设计

创建工作类 ReadImage，使用线程来读取图像，编辑 readimage.h 文件，代码如下。

```
#include <QObject>
#include <QImage>
class ReadImage : public QObject
{
    Q_OBJECT
public:
    ReadImage();
public slots:
    void readImage();// 工作函数
signals:
    void sendImage(QImage image);// 通知主程序读取图像完成
};
```

编辑 readimage.cpp 文件，代码如下。

```
void ReadImage::readImage()
{
    QImage img("D:\a.jpg");// 模拟读取图像
    emit sendImage(img);
}
```

在 mainwindow.cpp 中接收线程传输的图像，代码如下。

```
#include <QMainWindow>
#include "readimage.h"
#include <QThread>
namespace Ui {
class MainWindow;
}
class MainWindow : public QMainWindow
{
    Q_OBJECT
```

```
public:
    explicit MainWindow(QWidget *parent = 0);
    ~ MainWindow();
    QThread *thread;
    ReadImage * ri;
    QImage img;// 存储线程传输得到的图像
    void paintEvent(QPaintEvent *event);// 窗口重绘事件
private:
    Ui::MainWindow *ui;
};
MainWindow::MainWindow(QWidget *parent) :
    QMainWindow(parent),
    ui(new Ui::MainWindow)
{
    ui->setupUi(this);
    thread = new QThread;
    ri = new ReadImage;
    ri->moveToThread(thread);
    thread->start();
    connect(ui->pushButton, &QPushButton::clicked, ri, &ReadImage::readImage);
    connect(ri, &ReadImage::sendImage,[=](QImage image){// 将子线程传输的图像保存至 img
        this->img = image;
        update();// 触发窗口重绘事件 paintEvent()
    });
}
void MainWindow::paintEvent(QPaintEvent *event)
{
    ui->label->setPixmap(QPixmap::fromImage(img));// 显示图像
}
```

程序运行后，单击按钮，线程绘图结果如图 7-13 所示（具体结果和图像有关）。

图 7-13　线程绘图结果

# 7.3 网络应用编程

在网络通信方面的应用编程需要使用套接字（Socket），如在构建网站的服务器、游戏的服务器时。Qt 提供了跨平台的类库 QTcpServer、QTcpSocket 及 QUdpSocket 供程序员使用，具体用途如下。

- QTcpServer 用于传输控制协议 / 网际协议（Transmission Control Protocol/Internet Protocol, TCP/IP）通信，作为服务器端套接字使用。
- QTcpSocket 用于 TCP/IP 通信，作为客户端套接字使用。
- QUdpSocket 用于用户数据报协议（User Datagram Protocol,UDP）通信，服务器端、客户端均使用此套接字。

网络编程模块是 Qt 的基本模块之一，在编程时需引入，具体方法是在 .pro 文件中通过如下方式添加。

```
Qt+= network
```

## · 7.3.1 TCP/IP 原理

Qt 的 TCP Socket 通信有服务器端、客户端之分。服务器端通过监听某个端口来确定是否有客户端连接到来，如果有连接到来，则建立新的 Socket 连接；而客户端通过 IP 连接服务器端，当成功建立连接之后，就可进行数据传输了。TCP 是一种面向连接的、可靠的、基于字节流的传输层协议。所谓面向连接就是在真正传输数据之前，需要与对方先建立连接，如果建立失败则不会传输数据。

TCP 连接建立的过程被称为 3 次握手，过程如下。

- 客户端发送 SYN seq=x 报文给服务器端，客户端进入 SYN_SENT 状态。
- 服务端收到 SYN 报文后，发送 SYN seq=y，ACK=x+1 报文给客户端，服务器端进入 SYN_RCVD 状态。
- 客户端收到服务器端的 SYN 报文后发送一个 ACK=y+1 报文给服务器端，进入 ESTABLISHED 状态。

3 次握手完成，TCP 客户端与服务器端建立连接，正式开始传输数据。而在断开连接时需要 4 次挥手，具体过程如下（以客户端向服务器端断开连接为例）。

- 客户端调用 close() 向服务器端发送 FIN seq=x+2 ACK=y+1，表示数据发送完成。
- 服务器端接收 FIN seq=x+2 ACK=y+1，执行被动关闭。
- 一段时间后服务器端调用 close() 向客户端发送 FIN seq=y+1。
- 客户端确认 FIN seg=y+1，断开连接成功。

TCP/IP 的 3 次握手和 4 次挥手过程如图 7-14 所示。

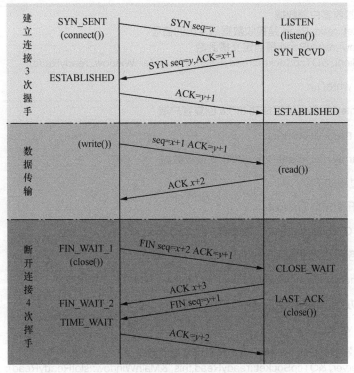

图7-14 TCP/IP 的 3 次握手和 4 次挥手过程

TCP 具有高可靠性，可保证传输数据的正确以及顺序，使用场景广泛，如超文本传输协议（HyperText Transfer Protocol，HTTP) 就使用了 TCP。而 Qt 对 TCP 也提供了支持，以方便程序员设计网络相关的应用。

## · 7.3.2 TCP Socket 编程

在 Qt 中是通过 Socket 实现网络通信的，Socket 可理解为程序在网络中的唯一标识。Qt 实现的 TCP/IP 服务分为两部分，分别是服务器端和客户端。服务器端的主要流程如下。

（1）通过 QTcpServer() 函数创建用于监听的 Socket，代码如下所示。

```
m_server = new QTcpServer(this);
```

（2）将 Socket 设置为监听模式。

```
m_server->listen(QHostAddress::Any, 8000);
// 表示监听本机网络的 80 号端口，如 127.0.0.1:80, Any 表示 IP 地址
```

（3）如果有连接到来，监听的 Socket 会发出信号 newConnection。

```
// 通过信号接收客户端请求
connect(m_server, &QTcpServer::newConnection, this, &MainWindow::newConnection);
```

（4）接收连接，通过 nextPendingConnection() 函数，返回一个 QTcpSocket 类型的 Socket 对象（用于通信）。

```
m_client = m_server->nextPendingConnection();
```

（5）使用用于通信的 Socket 对象通信。

```
// 连接信号，接收客户端数据
//&QTcpSocket::readyRead 是接收数据后发出的信号
//&MainWindow::readyRead 是自定义槽函数
connect(m_client, &QTcpSocket::readyRead, this, &MainWindow::readyRead);
```

- 发送数据：write()。

```
m_client->write(" 服务器连接成功 !!!");// 回复客户端
```

- 接收数据：readAll()/read()。

```
QByteArray array = m_client->readAll(); // 接收数据
```

客户端通信过程如下。

（1）创建用于通信的 Socket。

```
server = new QTcpSocket(this);// 创建客户端 Socket
```

（2）连接服务器：connectToHost。

```
server->connectToHost(QHostAddress("127.0.0.1"), 8000);// 连接服务器
```

（3）连接成功后与服务器通信。

- 发送数据：write()。

```
// 接收服务器端数据，slotReadyRead 是自定义槽函数
    connect(server, &QTcpSocket::readyRead,this, &MainWindow::slotReadyRead);
```

- 接收数据：readAll()/read()。

```
// 发送数据，slotSendMsg 是自定义槽函数
    connect(ui->pushButton, &QPushButton::clicked,this, &MainWindow::slotSendMsg);
```

下面通过例 7-10 介绍服务器端和客户端通信。

例 7-10：服务器端和客户端通信。

新建 2 个项目，首先创建 2 个基类为 QMainwindow 的项目，项目名分别为 TcpServerExample 和 TcpClientExample，在 TcpServerExample 项目界面上添加一个"QLabel"，并将其显示文本置空（即 text 属性置空），在 TcpClientExample 项目上添加"QTextEdit"和"QPushButton"按钮各 1 个。

在 .pro 文件中添加 network 模块。注意，若不添加 network 模块程序将无法运行。

```
Qt+= network
```

下面首先对服务器端的 TcpServerExample 程序进行分析。服务器端程序通过 Qt 提供的 QTcpServer 类实现服务器端的 Socket 通信。

在 mainwindow.h 文件中添加如下代码。

```
#ifndef MAINWINDOW_H
#define MAINWINDOW_H
#include <QMainWindow>
#include <QTcpServer>
#include <QTcpSocket>
#include <QByteArray>
namespace Ui {
```

```cpp
class MainWindow;
}
class MainWindow : public QMainWindow
{
    Q_OBJECT
public:
    explicit MainWindow(QWidget *parent = 0);
    ~ MainWindow();
public slots:
    void newConnection();
    void readyRead();
private:
    QTcpServer* m_server;
    QTcpSocket* m_client;
private:
    Ui::MainWindow *ui;
};
#endif // MAINWINDOW_H
```

mainwindow.cpp 文件代码如下。

```cpp
#include "mainwindow.h"
#include "ui_mainwindow.h"
MainWindow::MainWindow(QWidget *parent) :
    QMainWindow(parent),
    ui(new Ui::MainWindow),
    m_server(NULL),
    m_client(NULL)
{
    ui->setupUi(this);
    // 创建 Socket 对象
    m_server = new QTcpServer(this);
    // 将 Socket 开启监听
    m_server->listen(QHostAddress::Any, 8000);
    // 通过信号接收客户端请求
    connect(m_server, &QTcpServer::newConnection, this, &MainWindow::newConnection);
}
void MainWindow::newConnection()
{
    if(m_client == NULL)// 如果客户端没有连接就处理该连接
    {
        // 处理客户端的连接请求
        m_client = m_server->nextPendingConnection();
        // 发送数据
        m_client->write(" 服务器连接成功 !!!");// 回复客户端
        // 连接信号，接收客户端数据
        connect(m_client, &QTcpSocket::readyRead, this, &MainWindow::readyRead);
    }
}

void MainWindow::readyRead()
{
    // 接收数据
    QByteArray array = m_client->readAll();
    ui->label->setText(ui->label->text() + QString(array));
    //qDebug() << array;
}
MainWindow:: ~ MainWindow() {
}
```

215

客户端程序 TcpClientExample 通过 Qt 提供的 QTcpSocket 类可实现与服务器端的通信，UI 设计如图 7-15 所示。

图 7-15  UI 设计

在 mainwindow.h 文件中编辑代码，使之如下。

```
#ifndef MAINWINDOW_H
#define MAINWINDOW_H
#include <QMainWindow>
#include <QTcpSocket>
#include <QByteArray>
namespace Ui {
class MainWindow;
}
class MainWindow : public QMainWindow
{
    Q_OBJECT
public:
    explicit MainWindow(QWidget *parent = 0);
    ~ MainWindow();
public slots:
    void slotReadyRead();
    void slotSendMsg();
private:
    QTcpSocket* server;
private:
    Ui::MainWindow *ui;
};
#endif // MAINWINDOW_H
```

mainwindow.cpp 文件代码如下。

```
#include "mainwindow.h"
#include "ui_mainwindow.h"
#include <QHostAddress>
#include<QMessageBox>
MainWindow::MainWindow(QWidget *parent) :
    QMainWindow(parent),
    ui(new Ui::MainWindow)
{
    ui->setupUi(this);
    // 创建客户端 Socket
    server = new QTcpSocket(this);
    // 连接服务器端
    server->connectToHost(QHostAddress("127.0.0.1"), 8000);
```

```
        // 接收服务器端数据
        connect(server, &QTcpSocket::readyRead,this, &MainWindow::slotReadyRead);
        // 发送按钮
        connect(ui->pushButton, &QPushButton::clicked,this, &MainWindow::slotSendMsg);
}
MainWindow:: ~ MainWindow()
{
        delete ui;
}
void MainWindow::slotReadyRead()
{
        // 接收数据
        QByteArray array = server->readAll();
        QMessageBox::information(this, "Server Message", array);
}
void MainWindow::slotSendMsg()
{
        QString text = ui->textEdit->toPlainText();
        // 发送数据
        server->write(text.toUtf8());
        ui->textEdit->clear();
}
```

　　程序运行过程中，需先开启服务器端程序，然后开启客户端程序，客户端程序开启后先连接服务器端，如果连接成功，会提示连接成功。在客户端输入字符串"abc"后按"Enter"键，会将相关信息发送到服务器端。服务器端接收到"abc"后，服务器端和客户端运行结果如图 7-16 所示。

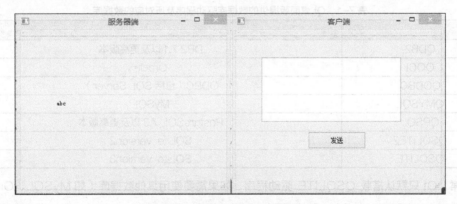

图 7-16　服务器端和客户端运行结果

# 7.4 数据库应用编程

　　数据库是数据的有序集合，其中的数据被存放在结构化的数据表中。数据表之间相互关联，反映客观事物间存在的本质联系。数据库能有效地帮助一个组织或企业科学地管理各类信息资源。同文件系统相比，数据库实现了数据共享，从而避免了用户各自建立应用文件。使用数据库可减少大量重复数据，减少数据冗余，维护数据的一致性。数据库中的数据处于分散的状态，不同用户的数据或同一用户的不同文件的数据彼此独立。利用数据库可对数据进行集中控制和管理，并通过数据模型表示各种数据的组织和数据间的联系。

综上所述，在开发商业软件的时候，数据库是必不可少的。因此，开发者有必要了解和学习在 Qt 开发中如何使用数据库。SQLite 是一款开源、轻量级的数据库软件，不需要服务器，可以集成在其他软件中，非常适合嵌入式操作系统。在嵌入式设备中，可能只需要几十万字节的内存就够了，并且 Qt 5 以上版本可以直接使用 SQLite。本节将基于 SQLite 讲解数据库的连接和使用。

## · 7.4.1　数据库操作

数据库操作是指对数据库中的数据进行的一系列操作，包括读取数据、写入数据、更新或修改数据及删除数据等，下面将从数据库连接开始讲解数据库的一系列操作。

### ■ 1. 数据库连接

Qt 提供了 QtSql 模块来提供平台独立的基于结构化查询语言（Structured Query Language，SQL）的数据库操作。这里所说的"平台"，既包括操作系统平台，也包括各个数据库平台。

Qt 使用 QSqlDatabase 表示一个数据库连接。在更底层，Qt 使用不同的驱动程序来与不同的数据库 API 进行交互（Qt 提供的相应 SQL 接口，就是 C++ 调用数据库的接口，注意提供的只是接口，数据库提供商实现的这些接口，就是所谓的数据库驱动程序。而 C++ 调用数据库驱动程序，驱动程序真正执行数据库操作）。Qt 桌面版提供了如表 7-1 所示的几种驱动程序。

表 7-1　Qt 桌面版提供的数据库驱动程序及所对应的数据库

| 驱动程序 | 数据库 |
| --- | --- |
| QDB2 | DB2 7.1 以及更高版本 |
| QOCI | Oracle |
| QODBC | ODBC（包括 SQL Server） |
| QMYSQL | MySQL |
| QPSQL | PostgreSQL 7.3 以及更高版本 |
| QSQLITE2 | SQLite version2 |
| QSQLITE | SQLite version3 |

通常，Qt 只默认搭载 QSQLITE 驱动程序。如果需要使用其他数据库（如 MySQL、Oracle），需要下载相应的数据库，并将其驱动程序加载到 Qt 中。如载入 MySQL 驱动程序，在 MySQL 的安装目录下的 lib 文件夹中寻找到 libmysql.dll，将其复制到 Qt 安装路径下的 mingw××_×× 文件夹下的 bin 文件夹中，如"D:\QT\QT\5.9.9\mingw53_32\bin"。

下面通过例 7-11 介绍在 Qt 中如何连接数据库 SQLite。

例 7-11: Qt 连接数据库 SQLite。

打开 Qt Creator，新建项目，模板选择"QtConsole Application"，项目名称为 7-1。

创建项目后，项目 7-1 目录如图 7-17 所示。

创建项目后，在 7-1.pro 文件中加入如下代码并保存。

```
Qt+= sql
```

在 main.cpp 中输出当前 Qt 可用数据库驱动程序并连接数据库 SQLite。

```cpp
int main(int argc, char *argv[])
{
    QCoreApplication a(argc, argv);
    // 输出可用数据库驱动程序
    qDebug() << "Available drivers:";
    QStringList drivers = QSqlDatabase::drivers();
    foreach(QString driver, drivers)
        qDebug() << driver;
    // 打开 SQLite
    QSqlDatabase db = QSqlDatabase::addDatabase("QSQLITE");
    if (!db.open())
        qDebug() << "Failed to connect to root SQLite";
    else
        qDebug() << "open";
    return a.exec();
}
```

例 7-11 运行结果如图 7-18 所示。

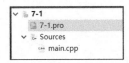

图 7-17  项目 7-1 目录  　　　　图 7-18  例 7-11 运行结果

通过这个项目，可以得到以下结论。

- 通过 QSqlDatabase::drivers() 可找到系统中所有可用的数据库驱动程序列表，只能使用出现在列表中的驱动程序。默认情况下，QtSql 是作为 Qt 的一个模块提供的。为了使用有关数据库的类，必须在 .pro 文件中添加 Qt+= sql，这表示驱动程序需要使用 Qt 的 sql 模块。

- QSqlDatabase 代表一个数据库连接，该类提供了访问数据库的接口，而该类的实例代表数据库连接，这些连接通过支持的数据库驱动程序进行数据库访问。用户可以通过 QSqlDatabase 的成员函数 addDatabase() 来创建连接。在本项目中使用的是 SQLite 数据库，只需要指定数据库名字即可。对于其他数据库，如 MySQL，在调用这个函数时，需要传入相关参数，包括本机名（本地端为 localhost，远程数据库填写对应 IP 地址即可）、端口号（默认 3306）、数据库名称、用于连接数据库的用户名和密码。

- 最后调用 QSqlDatabase 类的 open() 函数，打开数据库连接。通过检查 open() 函数的返回值，可以判断数据库是否被正确打开。

### 2. 数据库基本操作

现在通过 QSqlQuery 实例讲解数据库的简单操作，如数据表创建、向数据表中插入记录。

通常将项目中连接数据库的操作写成一个函数，是因为其使用频率高，并且可以避免与其他代码混淆。将例 7-11 中的数据库连接代码部分写成函数调用的形式，代码如下。

```
bool connect(const QString &dbName)
{
    // 打开 SQLite
    QSqlDatabase db = QSqlDatabase::addDatabase("QSQLITE");
    db.setDatabaseName(dbName);
    if (!db.open())
    {
        qDebug() << "Failed to connect to root SQLite";
        return false;
    }
    else
        return true;
}
```

下面通过例 7-12 进行具体操作说明。

例 7-12：数据表创建。

创建一个项目，选择模板"QtConsole Application"新建项目 7-2，下面将使用 connect() 函数和 QsqlQuery 实例完成数据表的创建，具体步骤如下。

（1）在 .pro 文件中添加 Qt+= sql 语句。

（2）在 main.cpp 文件中添加 connect() 函数。

（3）创建学生数据表 student 的 SQL 语句，具体如下。

```
CREATE TABLE student (
                id INT PRIMARY KEY AUTOINCREMENT,
                name VARCHAR(255),
                age INT);
```

（4）通过 Qt 的 main() 函数完成数据库中 student 表的创建，代码如下。

```
int main(int argc, char *argv[])
{
    QCoreApplication a(argc, argv);
    if(connect("mydb.db"))
    {
        QSqlQuery sqlQuery;
        if(sqlQuery.exec("CREATE TABLE student (id INTEGER PRIMARY KEY AUTOINCREMENT,name
VARCHAR(20),age INT)"))
    /* 创建 student 表
    "PRIMARY KEY AUTOINCREMENT"表示该列为整数递增，如果为空时则自动填入 1，然后在下面
的每一行都会自动 +1
    "PRIMARY KEY"表示该列作为列表的主键，通过它可以轻易地获取某一行数据
    "INTEGER"表示该列为带符号的整数
    "VARCHAR(20)": 表示该列为可变长字符串，默认只能存储字母、数字或者 UTF-8 字符，最多存储
40B
    */
                qDebug()<<"create succeed";
            else
                qDebug() << sqlQuery.lastError().text();
    }
    return a.exec();
}
```

程序运行结果如图 7-19 所示。

通过这个例子，我们可以总结如下几点。

（1）在 main() 函数中，调用 connect() 函数打开数据库 mydb.db。如果打开成功，通过创建 QSqlQuery 实例执行 SQL 语句。最后使用 lastError() 函数检查执行结果是否正确。

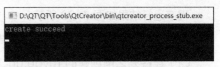

图 7-19 程序运行结果 1

（2）在 QSqlQuery 实例的创建中，并没有指定数据库连接创建的查询对象。此时，系统会使用默认的连接，也就是使用 addDatabase() 函数创建的连接（其参数为 QSqlDatabase::defaultConnection）。如果不存在指定数据库的连接，系统就会报错。也就是说，如果不使用或者不存在默认连接，在创建 QSqlQuery 对象时必须指明 QSqlDatabase 对象，也就是 addDatabase() 的返回值。

（3）QtSql 模块中的类大多具有 lastError() 函数，用于检查最新出现的错误。如果数据库操作中可能出现问题，应该使用这个函数进行错误的检查。这一点在上面的代码中有体现。当然，这只是最简单的实现。

在数据表创建完成后，程序将继续通过创建 QSqlQuery 实例执行插入 SQL 语句和查询数据表操作。

（1）插入数据到学生数据表 student 的 SQL 语句如下。

```
INSERT INTO student (name, age) VALUES (?, ?);
// 由于主键 ID 设置自增，所以 SQL 语句中不必指明 ID
```

（2）查询数据表的 SQL 语句如下。

```
SELECT id,name,age FROM student;
```

（3）将 main.cpp 文件中的代码更改为如下代码。

```cpp
int main(int argc, char *argv[])
{
    QCoreApplication a(argc, argv);
    if(connect("mydb.db"))
    {
        QSqlQuery sqlquery;
        sqlquery.prepare("INSERT INTO student (name,age) VALUES (:name,:age)");
        QStringList names;
        names << "zhangsan" << "lisi" << "wangwu";
        sqlquery.addBindValue(names);
        QVariantList ages;
        ages << 20 << 21 << 22 ;
        sqlquery.addBindValue(ages);
        if (!sqlquery.execBatch()) {
            qDebug()<<sqlquery.lastError();
        }
        //SQL 查询操作
        sqlquery.exec("SELECT id,name,age FROM student");
        while (sqlquery.next()) {
            int id = sqlquery.value(0).toInt();
            QString name = sqlquery.value(1).toString();
            int age = sqlquery.value(2).toInt();
            qDebug() << id << " " << name << " " << age;
        }
    }
    return a.exec();
}
```

程序运行结果如图 7-20 所示。

通过这个项目，我们可以得出以下结论。

图 7-20　程序运行结果 2

（1）连接到之前创建的 mydb.db 数据库。向 mydb.db 中插入多条数据时，可以使用 QSqlQuery::exec() 函数一条一条地插入，但是效率较低且代码重复较多。因此项目程序采用了另外一种方法：批量执行。首先需要 QSqlQuery::prepare() 函数对插入的 SQL 语句进行预处理，"?"相当于占位符，表示在未来可以用实际数据替换。预处理是数据库提供的一种特性，它会将 SQL 语句进行编译，其性能和安全性都要优于普通的 SQL 处理。在上面的代码中使用一个字符串列表 names 替换掉第一个"？"，一个整型列表 ages 替换掉第二个"？"，利用 QSqlQuery::addBindValue() 将实际数据绑定到这个预处理的 SQL 语句上。需要注意的是，names 和 ages 这两个列表里面的数据需要一一对应。然后调用 QSqlQuery::execBatch() 批量执行 SQL 语句。这样，插入操作便完成了。

（2）接下来使用同一个查询对象执行 ELECT 语句。如果存在查询结果，QSqlQuery::next() 会返回 true，到达最末时返回 false，说明遍历结束。使用 while 循环即可遍历查询结果。使用 QSqlQuery::value() 函数可按照 SELECT 语句的字段顺序获取对应的数据库存储的数据。

（3）QVariantList 可以存储各种数据类型，QVariantList 内置支持所有 QMetaType::Type 里声明的数据类型，如 int、QString、QFont、QColor 等，甚至 QList、QMap<QString,QVariant> 等组成的任意复杂数据类型。

对数据库的事务操作，可以使用 QSqlDatabase::transaction() 开启事务，使用 QSqlDatabase::commit() 或者 QSqlDatabase::rollback() 回滚（撤销）事务。使用 QSqlDatabase::database() 函数则可以根据名称获取所需要的数据库连接。

## · 7.4.2　使用模型操作数据库

前文介绍了使用 SQL 语句完成对数据库的常规操作，包括简单的 CREATE、INSERT 等 SQL 语句的使用。当然 Qt 除了提供这种使用 SQL 语句的方式外，还提供了一种基于模型的更高级的处理方式——基于 QSqlTableModel 的模型处理方式。QSqlTableModel 更方便与 model/view 结合使用（数据库应用中很重要的一部分就是将数据以表格形式显示出来，这正是 model/view 的强项）。下面通过例 7-13 讲解 QSqlTableModel 的一般使用和显示数据的方法。

例 7-13：模型操作数据库。

新建项目 7-3，选择模板为 QtWidgets Application，基类为 QWidget，类名为 StudentView。

（1）在项目 .pro 文件中加入语句 Qt+= sql。

（2）双击"studentview.ui"进入设计模式界面，在窗体设计器中拖入 1 个"Label"、5 个"Push Button"、1 个"Line Edit"及 1 个"Table View"控件，UI 设计如图 7-21 所示。

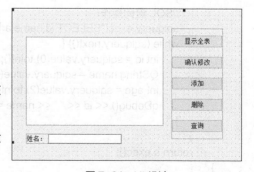

图 7-21　UI 设计

## 1. 查询操作

由 UI 设计可以看出，首先在项目运行时需要查询 student 表并将数据填充到"Table View"控件中，其次在"查询"按钮处需要实现按姓名查询数据表的功能，最后单击"显示全表"按钮时需要显示 student 表的信息。下面将通过代码演示如何实现查询的功能。

首先实现数据库的连接，在 studentview.h 文件中添加 connect() 函数的声明和 model 的声明。

```
bool connect(QString const&dbname);
QSqlTableModel *model;
```

在 studentview.cpp 文件中 connect() 函数实现代码如下。

```
bool StudentView::connect(const QString &dbName)
{
    // 打开 SQLite
    QSqlDatabase db = QSqlDatabase::addDatabase("QSQLITE");
    db.setDatabaseName(dbName);
    if (!db.open())
    {
        qDebug() << "Failed to connect to root SQLite";
        return false;
    }
    else
        return true;
}
```

model 的实现代码如下。

```
void StudentView::on_studentview_clicked()
{// 显示全表
    model->setTable("student");
    model->select();
}
```

在 studentview 的构造函数中实现显示全部表内容的功能，代码如下。

```
StudentView::StudentView(QWidget *parent)
    : QWidget(parent)
    , ui(new Ui::StudentView)
{
    ui->setupUi(this);
    if (this->connect("mydb.db")) {
        model = new QSqlTableModel(this);
        model->setTable("student");
        model->select();
        model->setEditStrategy(QSqlTableModel::OnManualSubmit);// 设置编辑策略：手动提交
        ui->tableView->setModel(model);
    }
}
```

程序运行后，单击"显示全表"按钮，查询全部表结果如图 7-22 所示。

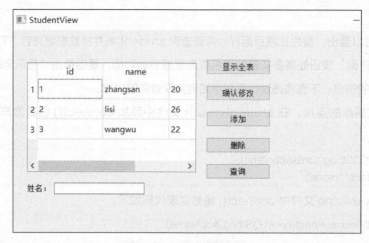

图7-22　查询全部表结果

通过这个项目，我们可以得出以下结论。

（1）通过创建 QSqlTableModel 实例和 setTable() 函数设置所需要操作的表格，可以实现对表格的查询。在设置好 model 之后，设置 QTableView 对象作为 model 的视图用于显示数据。

（2）QSqlTableModel 实例可以通过设置 setEditStrategy 的参数为 QSqlTableModel:: OnManualSubmit，设置编辑策略为手动提交。

（3）QSqlTableModel 实例不能实现复杂查询，即对于 select 部分的内容不可以设置，默认 select * from table。可以在 tableView 视图中通过设置 hideColumn() 隐藏部分列或者通过 hideRow() 隐藏部分行。

（4）QSqlTableModel 实例可以通过设置 setSort() 函数，实现按列的值进行排序。具体代码如下。

```
model->setSort(0,Qt::AscendingOrder);// 按第 0 列升序排列，Qt::AscendingOrder 表示升序排序
model->select();
```

或

```
model->setSort(2,Qt::DescendingOrder);// 按第 2 列降序排列,Qt::DescendingOrder 表示降序排序
model->select();
```

接下来将实现按姓名查询的功能。

在界面中单击"查询"按钮，单击鼠标右键，选择"转到槽"，编写 click() 信号的槽函数，代码如下。

```
void StudentView::on_select_clicked()
{
    QString name = ui->lineEdit->text();
    // 根据姓名进行筛选，一定要使用单引号
    model->setFilter(QString("name = '%1'").arg(name));
    model->select();
}
```

程序运行后，查询结果如图 7-23 所示。

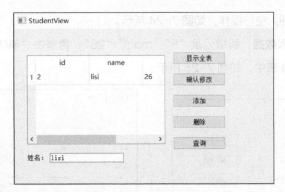

图 7-23　查询结果

通过这个实验，我们可以得出以下结论。

（1）通过按姓名查询的功能演示可以发现，QSqlTableModel 实例通过设置 setFilter() 函数添加过滤器，也就是实现 SQL 中简单的 where 子句的功能。如对年龄为 20 ~ 25 岁的学生进行查询，代码如下。

```
model.setFilter("age > 20 and age < 25");
```

（2）最后实现单击"显示全表"按钮显示全表的功能，编写槽函数代码如下。

```
void StudentView::on_studentview_clicked()
{// 显示全表
    model->setTable("student");
    model->select();
}
```

### 2. 插入操作

QSqlTableModel 在结合 tableView 后，插入和修改数据表的操作都变得简单。先来看如下"添加"和"确认修改"按钮的槽函数。

```
void StudentView::on_add_clicked()
{
    // 获得表的行数
    int rowNum = model->rowCount();
    // 添加一行
    model->insertRow(rowNum);
}
void StudentView::on_update_clicked()
{
    // 开始事务操作
    model->database().transaction();
    if (model->submitAll()) {
    model->database().commit(); // 提交
    } else {
    model->database().rollback(); // 回滚
    QMessageBox::warning(this, tr("tableModel"),
                        tr("error: %1").arg(model->lastError().text()));
    }
}
```

由上述代码可知，单击"添加"按钮的操作是先获取当前表格的行数 $n$，行的编号为 0 ~ $n$-1，

再在表格的第 *n* 行进行插入空行操作，如图 7-24 所示。

接下来在空行处填入数据，新增记录"5""maqi""26"，再单击"确认修改"按钮，可见新增记录已经插入到 student 表中，如图 7-25 所示。

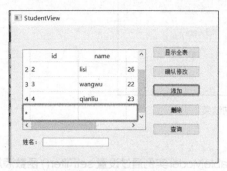

图 7-24　单击"添加"按钮　　　　　　　　　图 7-25　新增记录

同时，当修改已有数据，如将"lisi"的年龄修改为"28"时，可以直接在表格中修改，然后单击"确认修改"按钮，就可以修改数据库了，如图 7-26 所示。

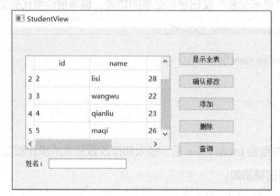

图 7-26　修改已有数据

通过这个实验，我们可以得出以下结论。

（1）在修改操作中使用事务进行操作，要么全部进行修改，要么全部不修改。使用 model->submitAll() 进行提交事务处理，当全部提交完成后，使用 commit() 将内容全部写入数据库。当提交过程出现 SQL 语句错误或者违背事务完整性时，报错并回滚到上一次使用 commit() 时的数据库状态。

（2）显然将 QsqlTableModel 与 tableView 结合使用后，插入和修改操作都变得更简单。当然 QSqlTableModel 也可以单独使用，单独使用时插入数据操作代码如下。

```
model.setTable("student");
int row = model->rowCount();
model.insertRows(row);
model.setData(model.index(row, 1), "chengba");
model.setData(model.index(row, 2), 24);
model.submitAll();
```

（3）上述代码表示在索引行 row 的位置插入一行新数据，使用 setData() 函数准备实际需要插入的数据。注意向 row 的第一个位置写入"chengba",其余以此类推。最后,调用 submitAll() 函数提交所有修改。上述代码操作可以用如下 SQL 语句表示。

```
INSERT INTO student (name, age) VALUES ('Chengba', 24)
```

### 3. 修改操作

前文介绍了通过结合 QSqlTableModel 与 tableView 实现对数据库的修改操作,这里不予重复。单独使用 QSqlTableModel 实现修改的操作代码如下。

```
model.setTable("student");
model.setFilter("age = 22");
if (model.select()) {
    if (model.rowCount() == 1) {
        if (model.rowCount() == 1) {
        model.setData(model.index(0, 2), 26);
        model.submitAll();
            }
        }
    }
}
```

可见代码更为复杂,且效率更低,仅插入了一条记录,因此建议结合 QSqlTableModel 与 tableView 进行操作。

### 4. 删除操作

项目 7-3 中"删除"按钮的槽函数如下。

```
void StudentView::on_del_clicked()
{
    // 获取选择的行
    int curRow = ui->tableView->currentIndex().row();
    // 删除该行
    model->removeRow(curRow);
    int ok = QMessageBox::warning(this,tr("delete warning!"),
                                    tr("Are you sure to delete this row?"),
                                    QMessageBox::Yes, QMessageBox::No);
    if(ok == QMessageBox::No)
    { // 如果不删除,则撤销
        model->revertAll();
    } else { // 否则提交,在数据库中删除该行
        model->submitAll();
    }
}
```

运行程序后删除操作如图 7-27 所示。

删除操作是调用 removeRow() 函数将选择的行删除,然后通过 submitAll() 函数提交事务进行处理。当不结合 tableView 时,操作也同样简单,只需将要删除的行的行号传入参数进行删除,最后提交事务即可。注意:QsqlTableModel 可以通过 removeRows() 函数一次删除多行,同样只需将相应的行号传入即可,这里不再详述。

由本小节内容可以看出,使用 QSqlTableModel 比起使用 QSqlQuery 在操作方面更简单,更

方便与 model/view 结合使用，在各种视图上展示表格数据的同时还允许用户进行编辑操作，但其限制在于不能使用任意 SQL 语句，只能对单个数据表进行操作。当然，也可以选择使用 QSqlQuery 获取数据，然后交给视图显示，这需要给模型提供数据。

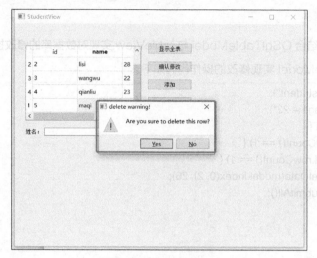

图 7-27　删除操作

# 7.5 小结

本章介绍了 Qt 文件操作、多线程、网络编程以及数据库应用编程，这些程序比之前介绍的程序复杂，读者可根据需要进行学习。

# 7.6 习题

1. 编写程序实现文件的读 / 写操作。
2. 编写多线程程序，实现多线程同时绘图。
3. 编写一个程序，实现服务器端和客户端的文件传输。
4. 编写一个数据库应用程序，实现对数据库某个表的增、删、改、查。

第**8**章

# 基于人脸检测的多路入侵监视系统

前文介绍了 Qt 的可视化程序设计，包括交互界面的设计、对话框的设计、各种布局，以及 Qt 的核心功能，如网络编程、多线程等技术。本章结合 Qt 与 OpenCV，构建出一个较完整的项目，实现了基于人脸检测的多路入侵监视系统。Qt 是机器视觉常用的开发工具之一，本章从机器视觉库 OpenCV 的介绍开始。通过本章的学习，读者可以对机器视觉编程有初步的了解。这部分内容相对较难，可以作为有兴趣的读者的选修内容。

本章主要内容和学习目标如下。

- OpenCV 的安装、配置和验证。
- 基于摄像头的人脸检测。
- 理解基于人脸检测的多路入侵监视系统。

# 8.1 OpenCV 的安装、配置和验证

本章将介绍如何采用 OpenCV 中的内置函数 read() 读取摄像头中的数据。OpenCV 支持多种语言，如 Python、C++ 及 Java 等，而 Qt 是基于 C++ 的开发框架。下面先简要介绍 OpenCV 的安装和配置。

## · 8.1.1 OpenCV 的编译配置过程

OpenCV 是一个跨平台的计算机视觉库，由英特尔公司发起并参与开发，以伯克利软件套件 (Berkeley Software Distribution，BSD) 许可证的形式授权发行，可以在商业和研究领域中免费使用。OpenCV 可用于开发实时的图像处理、计算机视觉以及模式识别程序。

OpenCV 用 C++ 编写，主要接口是 C++ 接口，但是依然保留了大量的 C 语言接口及 Python、Java 等接口。这些语言的接口可以通过在线文档获得。首先从 OpenCV 官网下载发行版，OpenCV 官网下载页面如图 8-1 所示。

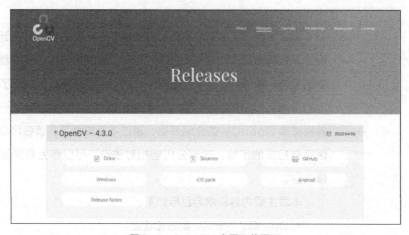

图 8-1 OpenCV 官网下载页面

在 Windows 环境下 OpenCV 的编译和配置方法有 2 种，其中一种是通过 CMake 编译，另一种是通过直接下载 OpenCV 的 Releases 版。这里简要介绍通过 CMake 编译的方法，这种方法比较复杂，初学者往往会花费比较多的时间。

下载 OpenCV 的 Windows 版后解开压缩，实例中采用的源文件路径是 E:/OpenCV/opencv/sources。首先要将 CMake 和 Qt 的编译器路径加入环境变量，分别是 D:/software/cmake-3.15.5-win32-x86/bin 和 D:/Qt/Qt5.9.0/Tools/mingw530_32/bin。配置 OpenCV 的源文件路径和编译文件路径，如图 8-2 所示。

C 和 C++ 编译器分别是 gcc.exe 和 g++.exe，这 2 个路径在 Qt 的安装路径中。单击"Configure"按钮会出现一些错误提示，这时勾选"WITH_OPENGL""WITH_QT"，取消勾选"WITH_IPP"。然后再次单击"Configure"按钮。如出现"CMAKE_MAKE_PROGRAM"路径错误的提示，指定 Qt 安装路径中的 D:/Qt5.9.0/Tools/mingw530_32/bin/mingw32-make.

exe即可。"QT_QMAKE_EXECUTABLE"的值为"QMAKE",编译器的路径为Qt安装路径中的D:/Qt/Qt5.9.0/5.9/mingw53_32/bin。配置完成后,单击"Generate"按钮。进入图8-2中的OpenCV编译指定路径,运行mingw32-make.exe,然后运行mingw32-make install即可。如果提示路径错误,则指定其绝对路径为D:/Qt/Qt5.9.0/Tools/mingw530_32/bin(本实例中)即可。编译完成后,将2个路径(具体路径因计算机环境而有不同)添加到环境变量中,并重启计算机。

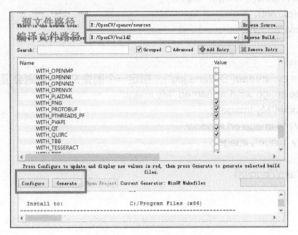

图 8-2　通过 CMake 配置

```
E:/OpenCV/build2/install/x86/mingw/bin;
E:/OpenCV/build2/bin
```

以下是值得注意的问题。

- OpenCV在安装过程中问题较多,尤其是在加入第三方库后。受限于篇幅,建议读者阅读其他相关资料。
- OpenCV 4较以前的版本在编程方面有一定的区别,本书采用的是OpenCV 4.3版。

## · 8.1.2　图像读取

验证OpenCV安装并配置正确的简单方法——可进行图像读取。下面通过例8-1来介绍如何进行验证。

例8-1:图像读取。

首先创建一个基类为QMainwindow的项目8-1,相应代码如下。

```
// 在 .pro 文件中添加 OpenCV 的动态链接库文件
// 下载后在 CMake 中指定编译路径,如果在其他路径,请务必注意修改
INCLUDEPATH += E:/OpenCV/build2/install/include/
// 下载后解压缩,设置源文件路径
E:/OpenCV/opencv/build/include/opencv2/
E:/OpenCV/opencv/build/bin
LIBS += E:/OpenCV/build2/install/x64/mingw/bin/libopencv_*.dll
    -lopencv_world430
    -lopencv_world430d
```

编辑mainwindow.cpp文件,使之代码如下。

```
#include "mainwindow.h"
#include "ui_mainwindow.h"
#include <opencv2/core/core.hpp>
#include <opencv2/highgui/highgui.hpp>
#include <qdebug.h>
using namespace cv;
MainWindow::MainWindow(QWidget *parent) :
    QMainWindow(parent),
    ui(new Ui::MainWindow)
{
    ui->setupUi(this);
    cv::Mat image = cv::imread("D:\\lena.jpg");// 指定一个图像文件，否则会报错
        // create image window named "My Image"
    cv::namedWindow("My Image");
        // show the image on window
    cv::imshow("My Image", image);
}
MainWindow:: ~ MainWindow()
{
    delete ui;
}
```

在 main.cpp 文件中将窗口显示的代码进行注释。

```
//w.show();
```

程序运行结果如图 8-3 所示。

对 mainwindow.cpp 文件中的具体代码说明如下。

- Mat 是 OpenCV 通过矩阵存储图像的数据结构，在 opencv2/core/core.hpp 头文件中进行声明。

- imread() 是声明在 opencv2/highgui/highgui.hpp 中的函数，从文件加载图像并将之存储在 Mat 数据结构中。

- namedWindow() 函数的功能是新建一个显示窗口。

- imshow() 负责将图像显示在窗口中。

图 8-3　程序运行结果

# 8.2 基于摄像头的人脸检测

接下来介绍 OpenCV 的一个有趣的小案例——通过 OpenCV 对人脸进行检测。

## · 8.2.1　读取摄像头图像

OpenCV 安装完成后，用户可得到 OpenCV 在当前操作系统的链接库文件，这些文件可以供用户调用。但是在 Qt 中无法直接引用这些文件，需要先在 Qt 项目的 .pro 文件中进行配置。下面通过例 8-2 介绍 OpenCV 在 Qt 中的应用：读取摄像头图像，然后显示图像。

例 8-2：读取摄像头图像。

新建一个基类为 QMainwindow 的项目 ReadImageWithOpenCV，双击"mainwindow.ui"，在设计模式界面的窗体设计器中添加一个"Label"控件用于显示读取的图像，UI 设计如图 8-4 所示。

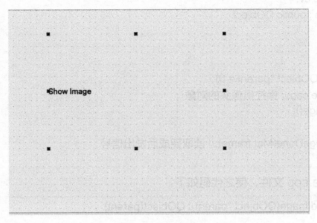

图 8-4 UI 设计

在第 7 章中介绍过，读取 I/O 设备（在这里为摄像头）是一种十分耗时的操作。为了保证主线程即 GUI 线程不被阻塞，这里将读取数字图像的操作放入多线程中处理。

程序的主体功能：在子线程中打开摄像头，并从摄像头中读取图像，读取成功后发出信号通知主程序图像获取成功；主程序收到信号后，将读取的图像显示到窗口中。

程序工作原理如图 8-5 所示。

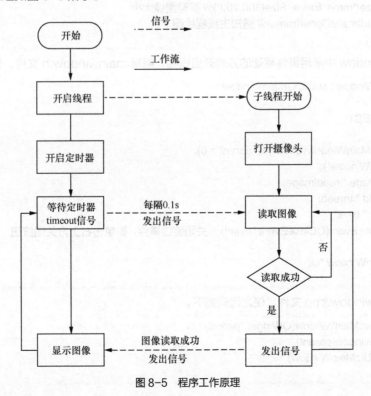

图 8-5 程序工作原理

新建一个基于基类 QObject 的新类 ReadImage，用于线程处理，编辑 readimage.h 文件，使之代码如下。

```cpp
#include <opencv2/opencv.hpp>
#include <QObject>
using namespace cv;
class ReadImage : public QObject
{
    Q_OBJECT
public:
    ReadImage(QObject *parent = 0);
    VideoCapture cap;// 操控摄像头的对象
    void readImage();
signals:
    void readImageDone(Mat frame);// 读取完成后发出信号
};
```

编辑 readimage.cpp 文件，使之代码如下。

```cpp
ReadImage::ReadImage(QObject *parent): QObject(parent)
{
    cap.open(0);//0 代表计算机的默认前置摄像头
}
void ReadImage::readImage() {
    Mat frame;//OpenCV 中使用 Mat 来存储图像
    cap.read(frame);// 读取图像
    if (frame.empty()){// 读取图像可能为空，防止空指针异常
        return;
    }
    cv::resize(frame, frame, Size(300,200));// 调整图像大小
    emit readImageDone(frame);// 通知主线程绘图
}
```

在 MainWindow 中采用事件驱动的方式开启线程，编辑 mainwindow.h 文件，使之代码如下。

```cpp
class MainWindow : public QMainWindow
{
    Q_OBJECT
public:
    explicit MainWindow(QWidget *parent = 0);
    ~ MainWindow();
    ReadImage * readImage;
    QThread * thread;
    QTimer * timer;
    void closeEvent(QCloseEvent *event);// 关闭窗口事件，即单击右上方关闭按钮
private:
    Ui::MainWindow *ui;
};
```

编辑 mainwindow.cpp 文件，使之代码如下。

```cpp
MainWindow::MainWindow(QWidget *parent) :
    QMainWindow(parent),
    ui(new Ui::MainWindow)
{
```

```
    ui->setupUi(this);
    readImage = new ReadImage();// 以事件驱动的方式开启多线程
    thread = new QThread(this);
    readImage->moveToThread(thread);
    thread->start();
    timer = new QTimer();// 用定时器控制读取摄像头的速度
    timer->start(100);
    connect(timer, &QTimer::timeout, readImage, &ReadImage::readImage);// 事件驱动
    connect(readImage, &ReadImage::readImageDone, [=](Mat frame){// 读取完成后显示图像
        QImage img = MatToQImage(frame);
        ui->label->setPixmap(QPixmap::fromImage(img));// 在主进程中绘图
    });
}
MainWindow:: ~ MainWindow()
{
    delete ui;
}
void MainWindow::closeEvent(QCloseEvent *event){// 由于子线程仍然在工作中，需要手动关闭子线程
    disconnect(timer, &QTimer::timeout, readImage, &ReadImage::readImage);
    thread->quit();
    thread->wait();
    delete readImage;
}
```

Qt 中的图像存储为 QImage，所以 OpenCV 的 Mat 需要转换为 QImage 才能正常使用，而由于 OpenCV 具有多个版本，OpenCV 中存储图像的容器 Mat 具有多种格式，在这里通过一个 MatToQImage() 函数来处理。若使用特定版本的 OpenCV，可直接使用对应的转换，无须如下代码。

```
QImage MatToQImage(const cv::Mat& mat)
{
    // 8-bits unsigned, NO.  OF CHANNELS = 1, //8 表示无符号 int 8 位，1 表示 1 通道
    if(mat.type() == CV_8UC1)
    {
        QImage image(mat.cols, mat.rows, QImage::Format_Indexed8);
        // Set the color table (used to translate colour indexes to qRgb values)
        image.setColorCount(256);
        for(int i = 0; i < 256; i++)
        {
            image.setColor(i, qRgb(i, i, i));
        }
        // Copy input Mat
        uchar *pSrc = mat.data;
        for(int row = 0; row < mat.rows; row ++)
        {
            uchar *pDest = image.scanLine(row);
            memcpy(pDest, pSrc, mat.cols);
            pSrc += mat.step;
        }
        return image;
    }
    // 8-bits unsigned, NO.  OF CHANNELS = 3 , //8 表示无符号 int8 位，3 表示 3 通道
    else if(mat.type() == CV_8UC3)
```

```
        {
            // Copy input Mat
            const uchar *pSrc = (const uchar*)mat.data;
            // Create QImage with same dimensions as input Mat
            QImage image(pSrc, mat.cols, mat.rows, mat.step, QImage::Format_RGB888);
            return image.rgbSwapped();
        }
        else if(mat.type() == CV_8UC4), //8 表示无符号 int8 位，4 表示 4 通道
        {
            qDebug() << "CV_8UC4";
            // Copy input Mat
            const uchar *pSrc = (const uchar*)mat.data;
            // Create QImage with same dimensions as input Mat
            QImage image(pSrc, mat.cols, mat.rows, mat.step, QImage::Format_ARGB32);
            return image.copy();
        }
        else
        {
            qDebug() << "ERROR: Mat could not be converted to QImage.";
            return QImage();
        }
    }
```

例 8-2 运行结果如图 8-6 所示。

图 8-6　例 8-2 运行结果

在这个程序中创建了对象 readImage，并将其加入线程中，然后用定时器事件控制对象，定时读取摄像头图像并将之发送到主程序中进行显示。

### · 8.2.2　人脸检测

本小节介绍 OpenCV 中关于人脸检测的相关内容。在 OpenCV 中，人脸检测的实现需要导入人脸模型并进行分析，分析后 OpenCV 将自动检测并将数据导出至 vector 变量。例 8-3 程序的主体功能为在例 8-2 的基础上增加人脸检测的功能，具体实现为在子线程读取图像后，图像经由 OpenCV 处理再传输至主程序，主程序接收并绘图。

创建一个基类为 QMainwindow 的项目 FaceDetection，并在 .pro 文件中添加 OpenCV 的库

文件，创建读取摄像头文件的线程工作类。整个项目的代码类似于例 8-2，代码详见例 8-3。下面根据具体的代码进行分析。

例 8-3：人脸检测。

编辑 mainwindow.h 文件，添加人脸检测模型，代码如下。

```
public:
CascadeClassifier face_cascade;
```

编辑 mainwindow.cpp 文件，在类 MainWindow 的构造函数中导入人脸检测模型，代码如下。

```
//haarcascade_frontalface_alt2.xml 为 OpenCV 的人脸检测中的级联分类器 if( !face_cascade.
load("E:\\OpenCV\\build2\\install\\etc\\haarcascades\\haarcascade_frontalface_alt2.xml") )
    qDebug() << "--(!)Error loading face cascade\n";
```

// 如果人脸检测级联分类器在其他目录，编程时注意修改路径，以及 .prj 文件中的路径

参考例 8-2，当前程序中显示图像的代码如下。

```
connect(readImage, &ReadImage::readImageDone, [=](Mat frame){
        QImage img = MatToQImage(frame);
        ui->label->setPixmap(QPixmap::fromImage(img));
    });
```

在此基础上添加人脸检测的功能，代码如下。

```
connect(readImage, &ReadImage::readImageDone, [=](Mat frame){
        Mat m_frame;
        frame.copyTo(m_frame);// 保存一份副本
        Mat gray, frame1, frame2;
// 将检测到的脸用矩形框起来，Rect 表示脸框起来的矩阵，faces 表示 Rect 数组
        std::vector<Rect> faces;// 类模板在代码下面正文有介绍
        cvtColor(m_frame, gray, COLOR_BGR2GRAY);// 转换成灰度图像
        cvtColor(m_frame, frame1, COLOR_BGR2RGB);// 转换成 RGB 图像
        QImage img((const uchar*)frame1.data,
                    frame1.cols, frame1.rows,
                    frame1.cols * frame1.channels(),
                    QImage::Format_RGB888);// 原始图像数据
        equalizeHist(gray, gray);// 均值化，使图像更平滑
        // 人脸检测，返回检测到的人脸位置到 vector<Rect> 中
        face_cascade.detectMultiScale(gray, faces, 1.1, 2, 0|CASCADE_SCALE_IMAGE, Size(60, 60) );
        for ( size_t i = 0; i < faces.size(); i++ )// 对每一个检测到的人脸添加椭圆标记
        {
            Point center( faces[i].x + faces[i].width/2, faces[i].y + faces[i].height/2 );
            ellipse( m_frame, center, Size( faces[i].width/2, faces[i].height/2 ), 0, 0, 360, Scalar( 255,
0, 255 ), 4, 8, 0 );// 对人脸添加椭圆形
        }
//cvtColor() 函数用于图像颜色空间转换
        cvtColor(m_frame, frame2, COLOR_BGR2RGB);
        QImage img1((const uchar*)frame2.data,
                    frame2.cols, frame2.rows,
                    frame2.cols * frame2.channels(),
                    QImage::Format_RGB888);// 将图像处理成 QImage 格式
        ui->label->setPixmap(QPixmap::fromImage(img1));// 输出到界面
    });
```

　　程序中用到了类模板，所谓类模板是对一批仅成员数据类型不同的类的抽象，只要为这一批类所组成的整个类家族创建一个类模板，给出一套程序代码，就可以用来生成多种具体的类（类可以看作类模板的实例），从而大大提高编程的效率。

　　vector<T> 容器是包含 T 类型元素的序列容器，vector<T> 容器的大小可以自动增长，从而可以包含任意数量的元素，但只能在容器尾部高效地删除或添加元素。vector<T> 容器可以方便、灵活地代替数组。在大多数时候，可以用 vector<T> 代替数组存放元素。为了使用 vector<T> 容器，需要在代码中包含头文件 vector。

　　下面的代码可定义一个存放无符号整数类型元素的 vector<T> 容器，其中 T 已被 unsigned int 替换。

```
std::vector< unsigned int > primes;
```

　　创建 vector 容器的另一种方式是使用初始化列表来指定初始值以及元素个数，代码如下。

```
std::vector<unsigned int> primes {2u, 3u, 5u, 7u, 11u, 13u, 17u, 19u};
```

　　以初始化列表中的值作为元素初始值，生成有 8 个素数的 vector 容器。

　　代码中的"std::vector<T>"定义了数组容器类，程序具体实现的代码"std::vector<Rect> faces;"中的角括号表示里面的 Rect 为实际类，整体定义了 faces 对象是一个 Rect 数组。在编译阶段，模板参数类 T 会被角括号中的实际类替换掉。例 8-3 运行结果如图 8-7 所示。

图 8-7　例 8-3 运行结果

　　在界面中添加了 2 个"QPushButton"按钮，可实现对定时器的启动和停止控制，从而达到传输和停止传输图像的目的，具体实现代码如下。

```
timer->start();// 打开定时器
timer->stop();// 关闭定时器
```

　　本小节在例 8-2 的基础上，通过 OpenCV 的相关模块增加了人脸检测的功能，为帮助读者理解基于人脸检测的多路监控系统打下了基础。读者可进一步查阅相关手册或资料，加强对本小节内容的掌握。

# 8.3 理解基于人脸检测的多路入侵监视系统

　　在 8.1 节和 8.2 节中介绍了 OpenCV 结合 Qt 的一些示例，本节将结合前面所有的内容，核心为基于人脸的检测以及 Qt 中的网络编程，构建出基于人脸检测的多路入侵监视系统，系统的主要功能简述如下。

服务器端有多个监视窗口，当有客户端连接时，将其中一个监视窗口分配给客户端并实时显示客户端传输过来的图像，在需要的情况下保存图像的数据，以方便回放查看。

在客户端，即监视摄像头设备中，编写人脸检测相关的模块和网络通信的模块，设备启动时检测服务器端是否存在并自动连接。设备运行过程中，当检测到有人靠近时，自动检测出入侵者并将入侵者的图像传输至服务器端进行相关操作。客户端程序的目的为模拟稳定且实际中长时间的情景。

主要程序分为两部分，分别为服务器端程序与客户端程序，下面分别以例 8-4 和例 8-5 进行介绍。

## · 8.3.1 服务器端程序

服务器端程序最多有 4 个监视窗口，当客户端检测到人脸时，就分配一个空闲的监视窗口并显示客户端传输过来的人脸图像。

例 8-4：服务器端程序。

首先创建一个基类为 QWidget 的项目 Server，UI 设计如图 8-8 所示：包含 4 个"Label"用于图像的显示，一个"Label"用于显示当前用户连接数。

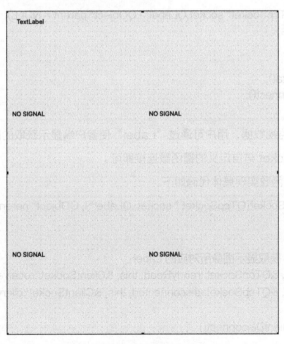

图 8-8  UI 设计

服务器端流程如图 8-9 所示。

在服务器端创建 ServerSocket，监听客户端的连接。当有客户端连接时，先判断连接数是否大于 4，大于 4 则不予响应，否则分配资源并接收客户端的图像数据，在"Label"中显示，等待下一个客户端的连接。

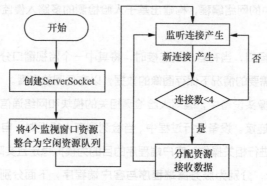

图 8-9　服务器端流程

### 1. 多客户端连接及处理

先抽象出一个客户端类，采用面向对象编程的思想设计，将每一个客户端都封装为一个客户端类，而客户端类有接收数据、管理自身的连接等功能，服务器端只需要调用相应的成员函数即可。

新建一个基于基类 QObject 的新类 ClientSocket，头文件中的代码如下。

```
class ClientSocket : public QObject
{
public:
    ClientSocket(QTcpSocket* socket,QLabel* l,QObject* parent = NULL);
    QTcpSocket *ss;
    QLabel * label;
private slots:
    void receiverdata();
    void clientDisconnect();
};
```

由于还需要实时的监视数据，用户可通过"Label"使客户端显示获取的图像数据，通过 Qt 的事件驱动系统，直接将 Socket 与自定义的槽函数连接即可。

ClientSocket 构造函数实现具体代码如下。

```
ClientSocket::ClientSocket(QTcpSocket * socket ,QLabel* l, QObject* parent) : QObject (parent)
{
    ss = socket;
    this->label = l;// 获取显示图像所对应的 Label
    connect(socket, &QTcpSocket::readyRead, this, &ClientSocket::receiverdata);
    connect(socket, &QTcpSocket::disconnected, this, &ClientSocket::clientDisconnect);
}
void ClientSocket::clientDisconnect()
{
    ss->close();
    label->setText("NO SIGNAL");
    Server::freeQueue.push_front(label);// 将得到的 Label 添加至空闲队列供下次使用
    Server::index --;// 用户量减 1
    delete this;
}
```

C++队列（Queue）是一种容器，提供一种"先进先出"的数据结构。服务器使用 QQueue 来管理每一个客户端所对应的资源，即 Label 所对应的指针，将客户端传送过来的人脸图像进行显示，具体代码如下。

```
static QQueue<QLabel*> freeQueue;
```

声明为 static 全局可用，让客户端类可以便捷地管理。初始化时将 4 个 Label 放入 QQueue 容器中。

```
freeQueue.push_back(ui->image_label);
freeQueue.push_back(ui->image_label_2);
freeQueue.push_back(ui->image_label_3);
freeQueue.push_back(ui->image_label_4);
```

当一个新的客户端建立连接成功后，服务器端将被触发。

```
QTcpSocket * socket = tcpServer->nextPendingConnection();
ClientSocket * tmp = new ClientSocket(socket,freeQueue.front());
freeQueue.pop_front();// 将分配给 tmp 所对应的 Label 从空闲队列中移出
```

### ■ 2. 服务器监听

服务器监听客户端的建立使用了 Qt 的事件驱动系统，代码如下。

```
tcpServer = new QTcpServer(this);
if(!tcpServer->listen(QHostAddress::Any,8888))
{
        QMessageBox::critical(this,tr("Fortune Server"),tr("Unable to start the server:%l.").arg(tcpServer->
errorString()));
      close();
      return;
}
connect(tcpServer, SIGNAL(newConnection()), this, SLOT(receiverClient()));
```

由于这里一共只有 4 个显示的"Label"，添加一个 index 字段来记录当前的客户端数。

```
void Server::receiverClient()
{
    if(index == 4) return;
    QTcpSocket * socket = tcpServer->nextPendingConnection();
    ClientSocket * tmp = new ClientSocket(socket,freeQueue.front());
    freeQueue.pop_front();// 从队列中取出一个 Label
    index++;// 用户量加 1
    qDebug() << "receive a ClientSocket";
}
```

### ■ 3. 异常图像接收

图像的接收由 Socket 的 readready 事件处理。使用 QByteArray 字节数组存储客户端发送来的数据，再将之转换为所需的 QImage，具体代码如下。

```
void ClientSocket::receiverdata()
{
```

```
QByteArray ba = ss->readAll();// 从 Socket 中读取数据，存放至 QByteArray 字节数组
QBuffer buffer(&ba);// 使用 buffer 来对字节数组进行处理
buffer.open(QIODevice::ReadOnly);
QImageReader reader(&buffer,"JPEG");// 将 buffer 中的数据转换至 QImage
QImage img = reader.read();
label->setPixmap(QPixmap::fromImage(img));
}
```

出于篇幅的考虑，这里并没有将数据写入文件。但是读者可在接收图像的同时将图像写入文件中并保存，这样可使这个程序更加完善。

到这里为止，服务器端的大体结构已经介绍完毕，相对客户端而言，服务器端的功能比较简单，就是监听客户端的连接和断开，并显示图像。服务器端程序运行后检测的效果如图 8-10 所示。

图 8-10　服务器端程序运行后检测的效果

### 8.3.2　客户端程序

在客户端，实现人脸检测相关的模块以及网络通信，当设备运行过程中检测到有人靠近时，自动检测出入侵者并将入侵者的图像传输至服务器端，见例 8-5。

例 8-5：客户端程序。

具体操作过程：新建客户端项目 Client，其 UI 设计如图 8-11 所示，有一个"Push Button"用于保存当前截图，一个"Label"用于显示摄像头数据，另一个"Label"用于显示保存截图的图像。

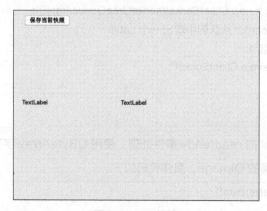

图 8-11　UI 设计

客户端流程如图 8-12 所示。

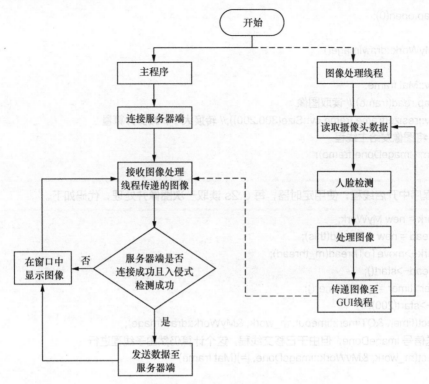

图 8-12 客户端流程

## 1. 主体框架

对于客户端所需的功能而言，客户端既需要监视，也需要检测是否有人员入侵。可以使用多线程的技术来处理图像数据，而 GUI 线程只负责显示图像，这样可以防止窗口突然卡顿等现象产生。这里直接基于 8.2 节中所介绍的相关内容，但在主线程中添加"paintEvent()"事件用于显示图像，具体实现过程如下。

添加一个基于 QObject 基类的新类 MyWork，用于多线程处理，代码如下。

```
//mywork.h
class MyWork : public QObject
{
    Q_OBJECT
public:
    explicit MyWork(QObject *parent = 0);
    void drawImage();
    cv::VideoCapture cap;
signals:
    void imageDone(Mat frame);
};
```

mywork.cpp 文件代码如下。

```
MyWork::MyWork(QObject *parent) : QObject(parent)
```

```
{
    cap.open(0);
}
void MyWork::drawImage()
{
    cv::Mat frame;
    cap.read(frame);// 读取图像
    cv::resize(frame,frame,cv::Size(300,200));// 转换大小，减少计算量
    // 将图像发给主线程
    emit imageDone(frame);
}
```

在主程序中开启线程，使用定时器，每 0.2s 读取一次图像并处理，代码如下。

```
m_work = new MyWork;
m_thread = new QThread(this);
m_work->moveToThread(m_thread);
m_thread->start();
QTimer* timer = new QTimer();
timer->start(200);
connect(timer, &QTimer::timeout, m_work, &MyWork::drawImage);
// 发送信号 imageDone，但由于已移交线程，这个计算仍然由子线程进行
connect(m_work, &MyWork::imageDone, [=](Mat frame)
{

    // 人脸检测计算
    m_img = img1;
    // 手动刷新窗口，会触发 paintEvent() 事件
    update();
});
```

update() 函数会触发 paintEvent(QPaintEvent *event) 事件来重画窗口，注意 paintEvent() 事件会被触发得较频繁，如窗口大小改变、窗口被遮挡等都会触发 paintEvent() 事件。

```
void MainWindow::paintEvent(QPaintEvent *event) {
    if(!m_img.isNull())
        ui->label->setPixmap(QPixmap::fromImage(m_img));
}
```

### ■ 2. 基于人脸的入侵检测

人脸的检测并用椭圆框出的代码在文件 mainwindow.cpp 中的 "connect(m_work, &MyWork::imageDone, [=](Mat frame){})" 的 Lambda 表达式中，具体代码如下。

```
cv::resize(frame,frame,Size(600,400));
Mat gray, frame1, frame2;
std::vector<Rect> faces;
cvtColor(frame, gray, COLOR_BGR2GRAY);
cvtColor(frame, frame1, COLOR_BGR2RGB);
QImage img((const uchar*)frame1.data,
            frame1.cols, frame1.rows,
```

```
                    frame1.cols * frame1.channels(),
                QImage::Format_RGB888);
m_origin = img;
equalizeHist(gray, gray);
//-- Detect faces
face_cascade.detectMultiScale( gray, faces, 1.1, 2, 0|CASCADE_SCALE_IMAGE, Size(60, 60) );
if (faces.size() == 0) {// 判断是否检测到人脸
    hasPerson = 0;
} else {
    hasPerson = 1;
}
for ( size_t i = 0; i < faces.size(); i++ )
{
    Point center( faces[i].x + faces[i].width/2, faces[i].y + faces[i].height/2 );
    ellipse( frame, center, Size( faces[i].width/2, faces[i].height/2 ), 0, 0, 360, Scalar( 255, 0, 255 ), 4, 8, 0 );
}
cvtColor(frame, frame2, COLOR_BGR2RGB);
QImage img1((const uchar*)frame2.data,
                frame2.cols, frame2.rows,
                frame2.cols * frame2.channels(),
                QImage::Format_RGB888);
```

### 3. 异常图像发送

检测人脸时，使用了 hasPerson 变量记录是否有人，在发送图像至服务器端时，只需要判断即可，这里仍采用定时器的方式定时发送图像。与服务器端传输相关代码如下。

```
connect(timer, &QTimer::timeout,[=](){
    if(connected && !m_oriogin.isNull() && hasPerson) {// 连接上服务器端且有人脸被检测到才发送
        QByteArray ba; // 用于暂存要发送的数据
        QBuffer buffer(&ba);
        buffer.open(QIODevice::WriteOnly);
        m_oriogin.save(&buffer, "JPEG");// 将 QImage 转换为 QByteArray 字节数组进行传输
        tcpSocket->write(ba);
        qDebug() << "write "<<ba.size();
    }
});
```

如果没有连接服务器端则不会传输数据至服务器端。连接服务器端过程相关代码如下。

```
tcpSocket = new QTcpSocket;
tcpSocket->connectToHost(QHostAddress::LocalHost,8888);
connect(tcpSocket,&QTcpSocket::connected,[=](){
        connected = 1;
        qDebug() << "Connected";
});
connect(tcpSocket,&QTcpSocket::disconnected,[=](){
    connected = 0;
});
```

客户端程序运行后效果如图 8-13 所示。

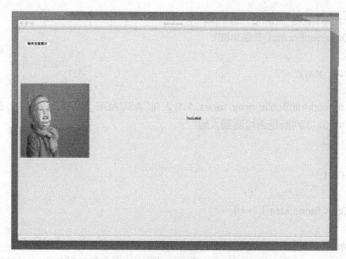

图 8-13　客户端程序运行后效果

# 8.4　小结

　　本章基于 OpenCV，介绍了如何实现基于人脸检测的多路入侵监视系统，主要涉及 OpenCV 技术、多线程、网络编程等内容。这部分内容比较难理解，希望读者多动手实践，以便加深理解。

# 8.5　习题

1. 深入理解本章代码，重写本章代码。

2. 结合数据库或者文件存储，实现基于人脸检测的多路入侵监视系统，判断是否有陌生人闯入。

第 **9** 章

# Qt 应用程序打包

本书的第 1 章至第 4 章介绍了 C++ 的基础语法、功能，继承与多态等面向对象的核心思想和具体实现。第 5 章和第 6 章介绍了 Qt 的核心模块，包括信号与槽的机制、事件循环等，以及 GUI 编程。第 7 章重点介绍 Qt 的常见应用实例、文件操作、多线程、网络编程以及数据库编程。第 8 章将前面 7 章的内容结合跨平台计算机视觉库 OpenCV，介绍了如何实现基于人脸检测的多路入侵监视系统。本章是本书的最后部分，介绍如何将编写好的 Qt 应用程序打包。所谓打包就是将开发好的可执行文件和必要的文档（如使用说明等），使用打包工具（如 InstallShield）制作成软件包。打包后可进行发布，即将软件包公布出来，或者交给客户，这样就完成了完整的应用程序开发过程。

在前文，Qt 都是在 Debug 模式下编译、运行的，由于操作系统中安装了 Qt Creator 等开发环境，程序在编译后便可运行。如果是在 Debug 模式下构建出来的 .exe 可执行文件（程序），在一台没有安装 Qt Creator 的计算机上，可能无法运行，会提示缺少相应的动态链接库。这时可通过 Qt 的打包工具 windeployqt，将 .exe 文件打包为一个可在其他计算机上运行的软件包。

本章主要内容和学习目标如下。

- 打包过程。

# 9.1 打包过程

下面通过具体的示例进行讲解，选择一个已经通过调试并可编译、运行的项目。

单击 Qt Creator 界面左下方的编译模式按钮，将运行模式调整为 Release 模式，如图 9-1 所示。

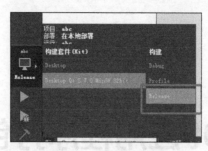

图 9-1　Release 模式

在 Qt Creator 界面单击左侧中间的"项目"按钮，在"构建目录"中指定 Qt 编译的 .exe 可执行文件所在的目录，然后单击界面左下方的锤子形状的"构建项目"按钮开始构建项目，如图 9-2 所示。

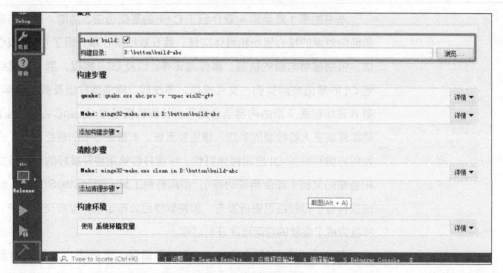

图 9-2　选择编译目录

进入 .exe 文件所在目录，按住"Shift"键，然后单击鼠标右键，在弹出的快捷菜单中选择"在此处打开命令窗口"，如图 9-3 所示。

运行 windeployqt（如果在安装 Qt 的时候没有选择"windeployqt"，则需要安装），windeployqt 打包结果如图 9-4 所示。

---
windeployqt 所在路径名 \windeployQt 文件名 .exe
---

打开文件夹，可看到对应的链接库文件已经生成，且生成了许多其他文件，如图 9-5 所示。这时候得到的就是完整的程序发布集合，依赖关系都解决好了。可将整个文件夹中的所有文件复制到其他计算机，并可运行其中的 uidemo01.exe 文件。

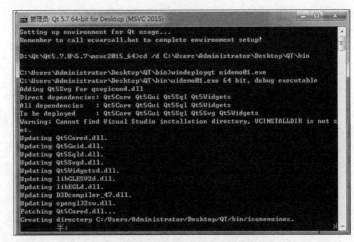

图 9-3　进入 .exe 文件所在目录　　　　　　　　图 9-4　windeployqt 打包结果

图 9-5　生成链接库文件

提示：如果将该 .exe 文件复制到其他目录再通过 windeployqt 工具打包，由于 windeployqt 只提供发布 Qt程序时的依赖库，并不包括 Qt程序在运行时需要使用的自定义资源文件（如图片、音乐、文本等），因此，如果程序中使用了相关的资源，需要将这些资源文件一起复制。

# 9.2 小结

本书前 8 章介绍了 C++ 和 Qt Creator 开发工具，本章则介绍 Qt 应用程序的打包，即将编译通过的程序通过 windeployqt 工具打包，打包后可将该程序进行发布。

# 9.3 习题

将以前编译通过的任意一个程序通过 windeployqt 工具打包。

# Qt 编程常见问题

1. Qt 是什么?

答: Qt 是一款基于 C++ 的跨平台开发框架。需要注意的是,Qt Creator 是集成开发环境(Integrated Development Environment,IDE),跟 Qt 不是同一个概念。

2. 为什么在某台计算机上可以运行的 Qt 程序,换了计算机后运行不了了?

答: Qt 编译的目标文件夹等编程环境发生变化后需重新配置,详见 5.2.5 小节。

3. 在 Windows 环境下怎么解决 Qt 编程中的乱码问题?

答:用文本编辑器获取其他超文本编辑器打开该乱码文件,选择"UTF-8"编码,保存后重新打开。

4. QObject 主要提供什么功能?

答: QObject 主要提供信号和槽的功能。

5. 编译时出现"collect2: error: ld returned 1 exit status"错误提示的原因是什么?

答:1. 可能使用了未定义的槽函数。

2. 可能使用的库没有连接成功。

解决方案:这两种情况都可以直接到"编译输出"栏中查看具体原因。

6. 编译时,出现"构建目录必须和源文件目录为同级目录"的错误信息怎么办?

答:打开 .pro 文件即可打开 Qt 的工程文件。

构建工程时出现":-1: 警告 : 构建目录必须和源文件目录为同级目录 ."的错误信息。

解决方法如下。

删掉xxx.pro.user文件,重新打开.pro文件,自动弹出"重新进行目标设置",设置完成后构建成功。

注意:工程文件的路径中不能出现中文。

7. 编译失败,但是提示错误的信息只有"ld: symbol(s) not found for architecture x86_64 clang: error: linker command failed with exit code 1 (use -v to see invocation)",不知道哪里出错怎么办?

答:右键单击错误信息,在弹出的快捷菜单中选择"Show output",错误信息的详细显示如下。

Undefined symbols for architecture x86_64:

"ReadImage::readImage()",referenced from:

MainWindow::MainWindow(QWidget*) in mainwindow.o

MainWindow::closeEvent(QCloseEvent*) in mainwindow.o

可以发现是少写了对应的槽函数。

8. 如何在窗体关闭前自行判断窗体是否可关闭?

答:重新实现这个窗体的 closeEvent() 函数,加入判断操作,代码如下。

```
MainWindow::closeEvent(QCloseEvent *event)
{
    if (maybeSave())
    {
            doSaving();
            event->accept();
    }
    else
    {
     event->ignore();
    }
}
```

9. 如何使用配置文件保存配置？

答：可使用 QSettings 类，代码如下。

```
#include <QSettings>
#include <QDebug>
settings.setValue("animal/snake", 58);
qDebug()<<settings.value("animal/snake", 1024).toInt();
```

10. 如何在系统托盘区显示图标？

答：在 Qt 4.2 及其以上版本中使用 QSystemTrayIcon 类来实现。

11. 如何将图像编译到可执行文件中？

答：通过资源文件。

12. 如何调用一个外部程序？

答：可通过 2 种方法，具体如下。

• 使用 QProcess::startDetached() 方法，启动外部程序后立即返回。

• 使用 QProcess::execute() 方法，不过使用此方法时程序会出现阻塞的情况，直到此方法执行的程序结束后返回，这时候可将 QProcess 和 QThread 这两个类结合使用，以防止在主线程中调用而导致阻塞的情况。先从 QThread 继承一个类，重新实现 run() 函数，代码如下。

```
class MyThread : public QThread
{
    public:
    void run();
};
void MyThread::run()
{
    QProcess::execute("notepad.exe");
}
```

然后定义一个 MyThread 类型的成员变量，在使用时调用其 start() 方法即可，代码如下。

```
MyThread thread;
thread.start();
```

13. 在 Windows 环境下 Qt 里没有终端输出，应该如何解决？

答：把下面的配置项加入 .pro 文件。

```
win32:CONFIG += console
```

14. 如何使用警告、信息等对话框？

答：使用 QMessageBox 类的静态方法，代码如下。

```
int ret = QMessageBox::warning(this, tr("Application"),
                            tr("The document has been modified.\n"
                              "Do you want to save your changes?"),
                            QMessageBox::Yes | QMessageBox::Default,
                            QMessageBox::No,
                            QMessageBox::Cancel | QMessageBox::Escape);
    if (ret == QMessageBox::Yes)
        return save();
    else if (ret == QMessageBox::Cancel)
        return false;
```